抗震耐蚀耐火钢结构设计指南

编制单位：中冶建筑研究总院有限公司
清华大学
同济大学
钢铁研究总院有限公司
北京科技大学

北　京
冶　金　工　业　出　版　社
2025

图书在版编目（CIP）数据

抗震耐蚀耐火钢结构设计指南 / 中冶建筑研究总院有限公司等著. -- 北京 ：冶金工业出版社，2025. 7.

ISBN 978-7-5240-0268-0

Ⅰ. TU391. 04-62

中国国家版本馆 CIP 数据核字第 202586JU58 号

抗震耐蚀耐火钢结构设计指南

出版发行	冶金工业出版社	**电　　话**	(010)64027926
地　　址	北京市东城区嵩祝院北巷 39 号	**邮　　编**	100009
网　　址	www. mip1953. com	**电子信箱**	service@ mip1953. com

责任编辑　曾　媛　王恬君　美术编辑　吕欣童　版式设计　郑小利

责任校对　葛新霞　责任印制　禹　蕊

北京富资园科技发展有限公司印刷

2025 年 7 月第 1 版，2025 年 7 月第 1 次印刷

710mm×1000mm　1/16；4. 75 印张；79 千字；65 页

定价 59. 00 元

投稿电话　(010)64027932　投稿信箱　tougao@cnmip. com. cn

营销中心电话　(010)64044283

冶金工业出版社天猫旗舰店　yjgycbs. tmall. com

（本书如有印装质量问题，本社营销中心负责退换）

本书编委会

赵　楠　中冶检测认证有限公司
汪　全　中冶检测认证有限公司
林春来　中冶检测认证有限公司
陈禹旭　中冶检测认证有限公司
王英芝　北京市高德科技有限责任公司
张　岳　北京市高德科技有限责任公司
薛俊鹏　中冶建筑研究总院有限公司
周　伟　中冶建筑研究总院有限公司
张　楠　中冶检测认证有限公司
陶　军　中冶检测认证有限公司

前　言

我国抗震耐蚀耐火钢并未形成完整的系列，还处于初步发展，附加特殊性能要求的品种规格尚不配套。为适应国内外建筑钢结构行业的迅猛发展，满足钢结构对建筑用钢板力学性能和特殊性能的要求，国家重点研发计划项目 2017YFB0304700“建筑结构用抗震耐蚀耐火钢”自主研发了 460 MPa 及 690 MPa 抗震耐蚀耐火钢，钢板的屈服强度分别为 460 MPa 和 690 MPa，同时要求其抗震性能（主要是材料的塑性性能）有所改善。

国家重点研发计划项目研发的 460 钢和 690 钢，集高强度、高韧性、高延展性、高耐火性、高耐腐蚀性和良好的焊接性能于一体。合理的组织结构、化学成分配比和工艺制度是确保钢板综合性能优良的前提。根据自身生产建筑结构用钢的经验，按国家钢材指南及用户需求，本指南为 460 MPa 级抗震耐蚀耐火钢及 690 MPa 级抗震耐蚀耐火钢用于工程设计时提供设计强度值（建议值）以及相关的设计建议。

本指南的主要技术内容为：1　总则；2　术语和符号；3　基本规定；4　材料；5　轴心受力构件；6　受弯构件；7　拉弯和压弯构件；8　连接和节点；9　耐火验算；10　耐腐蚀设计。

本指南由 29 位编委共同完成，各位编委在各自负责的领域发挥专业优势，确保本书的高质量完成。具体工作承担情况如下：

中冶建筑研究总院有限公司朱建国、陈洁、吕尚霖、李晓润、田彦青、薛俊鹏、周伟，中冶检测认证有限公司李晓滨、袁中甲承担了第 1 章总则、第 3 章基本规定和第 4 章材料的全面梳理撰写工作。

朱建国主编统筹协调各编委工作，负责全书框架设计、内容审核把关，负责第1章总则核心框架搭建，并进行政策依据梳理工作，对行业法规和标准进行系统分析，形成第3章基本规定，为其他章节奠定基础；陈洁主导第4章材料的条文拟定，确定材料的分类框架构建，梳理材料体系；吕尚霖负责对第4章钢材牌号、连接材料性能指标进行专业分析与撰写；李晓润、田彦青负责结合工程实际确定材料选用、设计指标；薛俊鹏、周伟负责撰写火灾高温下的钢材性能计算方法；李晓滨、袁中甲负责对第4章中的技术参数进行反复核验，确保数据科学可靠。

清华大学班慧勇、杨晓峰承担了第5章轴心受力构件以及第6章受弯构件撰写任务。班慧勇负责轴心受力构件、受弯构件稳定性设计理论推导与公式解析工作；杨晓峰负责受弯构件强度计算及构件相关标准梳理。

同济大学强旭红、姜旭承担了第7章拉弯和压弯构件的撰写工作。强旭红负责拉弯和压弯构件的强度分析计算；姜旭负责压弯构件的稳定性和局部稳定性分析计算。

北京科技大学王连庆、南京理工大学王志明承担了第8章连接和节点撰写工作。王连庆负责连接和节点的分类体系构建，并撰写一般规定、焊缝连接、高强度螺栓连接和梁柱连接节点要求；王志明对T型连接、端板连接节点进行研究推算，并撰写相关计算方法。

钢铁研究总院有限公司李昭东、杨忠民、北京市高德科技有限责任公司王英芝、张岳承担了第9章耐火验算撰写工作。李昭东主导耐火验算的理论模型搭建与公式推导；杨忠民负责耐火验算实验数据的分析与解读；王英芝、张岳负责不同工况下耐火验算编写及模拟计算工作。

中冶检测认证有限公司邓雯丽、张冉冉、张明晨、刘涛、赵楠、汪全、林春来、陈禹旭、张楠、陶军承担了第2章术语和符号以及第

10 章耐腐蚀设计撰写工作。张明晨、张楠、陶军负责第 2 章术语和符号的统一与梳理撰写，邓雯丽、张冉冉、张明晨负责耐腐试验研究及数据分析；刘涛、赵楠、汪全负责耐腐蚀设计的理论框架搭建与技术要点总结；林春来、陈禹旭负责耐腐蚀设计的工程案例分析并形成技术要点总结。

目　　录

1 总　　则

1.1 为在抗震耐蚀耐火高强钢结构设计中贯彻执行国家的技术经济政策，达到安全适用、技术先进、经济合理、确保质量等目的，制定本指南。

1.2 本指南适用于采用460 MPa、690 MPa级抗震耐蚀耐火钢的工业、民用建筑及一般构筑物的钢结构设计。其他Q460及Q690钢材的设计使用也可参照本指南进行。

1.3 460 MPa、690 MPa级抗震耐蚀耐火钢结构的设计除应符合本指南外，尚应符合国家现行有关标准的规定。

2 术语和符号

2.1 术　　语

2.1.1　460 MPa（690 MPa）级抗震耐蚀耐火钢

牌号为Q460（Q690）的抗震耐蚀耐火高强度结构钢材。

2.1.2　460 MPa（690 MPa）级抗震耐蚀耐火钢构件

由460 MPa（690 MPa）级抗震耐蚀耐火钢的结构钢材加工制作的结构构件。

2.1.3　抗震耐蚀耐火高强钢结构　seismic high strength steel structures with fire resistance and corrosion resistance

采用抗震耐蚀耐火高强钢构件的钢结构。

2.1.4　耐蚀耐火高强螺栓　high strength bolt with fire resistance and corrosion resistance

使用耐蚀耐火高强钢制成的、强度等级符合现行国家标准的高强螺栓。

2.1.5　抗震性能化设计　performance-based seismic design

基于结构承载力和延性的合理匹配来选定性能目标的抗震设计方法。

2.1.6　塑性耗能区　plastic energy dissipative zone

在强烈地震作用下，结构构件首先进入塑性变形状态并消耗能量的区域。

2.1.7 标准火灾升温曲线 standard fire temperature-time curve

在标准耐火试验中，耐火试验炉内的空气平均温度随时间变化的曲线。

2.1.8 耐火承载力极限状态 refractory limit state

结构或构件受火灾作用达到不能承受外部作用或不适于继续承载的变形的状态。

2.1.9 临界温度 critical temperature

钢构件受火灾作用达到其耐火承载力极限状态时的温度。

2.2 符 号

2.2.1 作用和作用效应

M——弯矩；
N——轴力；
P——高强度螺栓的预拉力；
B——栓板单元承受轴力；
V——剪力；
σ——正应力；
τ——剪应力。

2.2.2 计算指标（增加耐火、耐腐蚀的相关计算指标）

E——钢材的弹性模量；
E_b——螺栓所采用钢材的弹性模量；
k_b——螺栓的轴向刚度；
k_{bb}——螺栓的抗弯刚度；
f——钢材的抗拉、抗压和抗弯强度设计值；
f_v——钢材的抗剪强度设计值；
f_{ce}——钢材的端面承压强度设计值；

f_y——钢材的屈服强度；

f_u——钢材的抗拉强度最小值；

f_t^w、f_c^w、f_v^w——对接焊缝的抗拉、抗压和抗剪强度设计值；

f_u^w——对接焊缝的抗拉强度；

f_f^w——角焊缝的抗拉、抗压和抗剪强度设计值；

f_u^f——角焊缝的抗拉、抗压和抗剪强度；

f_t^b、f_c^b、f_v^b——螺栓的抗拉、承压和抗剪强度设计值；

f_u^b——高强度螺栓的抗拉强度最小值；

f^b——销轴的抗弯强度设计值；

G——钢材的剪变模量；

γ_R——钢材的抗力分项系数；

δ_u——钢材的伸长率；

ε_y——钢材的屈服应变；

ε_u——钢材的极限应变；

ε_{st}——钢材的硬化应变。

2.2.3 几何参数

A——毛截面面积；

A_e——有效截面面积；

A_n——净截面面积；

A_b——螺栓的有效截面面积；

b——翼缘板的外伸宽度，壁板的净宽度，角钢的宽度；

b_0——箱形截面壁板间的距离；

b_s——横向加劲肋的宽度；

$b_{cw,T,eff}$——柱腹板受拉区的有效高度；

D——圆管的外径；

d——螺栓直径，销轴直径；

d_0——孔径；

e——偏心距；

h_w——腹板的高度；

h_{cw}——柱腹板的高度；

h_m——上下翼缘中面间的距离；

h_0——腹板的计算高度；

h_c——腹板的受压区宽度；

h_e——腹板的受压区有效宽度；

h_f——角焊缝的焊脚尺寸；

$h_{f,ep}$——钢梁与端板连接焊缝的有效高度；

$h_{f,cf}$——柱翼缘与腹板连接焊缝的有效高度；

h_{bf}——梁上下翼缘中心间的距离；

I——毛截面惯性矩；

l——长度或跨度；

l_1——梁受压翼缘侧向支承间距离，螺栓受力方向的连接长度；

l_w——焊缝的计算长度；

l_T——梁长度；

l_b——螺栓产生轴向变形的长度；

l_{ep}——与端板等效的T型连接的连续梁模型的梁长；

l_{cf}——与柱翼缘等效的T型连接的连续梁模型的梁长；

l_{eff}——翼缘板塑性铰线的计算长度；

$l_{eff,ep}$——梁模型塑性铰线的计算长度；

$l_{eff,cf}$——梁模型塑性铰线的计算长度；

S——毛截面面积矩；

t——板厚度；

t_f——翼缘厚度；

t_{bf}——梁翼缘厚度；

t_{cf}——柱翼缘厚度；

t_w——腹板厚度；

t_{cw}——柱腹板厚度；

t_{ep}——端板厚度；

t_s——横向加劲肋厚度；

t_{bp}——垫片厚度；

W——毛截面模量；

W_n——净截面模量；

w——角钢的平板宽度；

n——螺栓轴线至翼缘边缘的距离；

m——螺栓轴线至翼缘板根部的距离；

m_{ep}——与端板等效的T型连接的螺栓轴线至翼缘根部的距离；

$n_{ep,r}$——与端板等效的T型连接的螺栓轴线至翼缘边缘的距离；

m_{cf}——与柱翼缘等效的T型连接的螺栓轴线至翼缘根部的距离；

$n_{cf,r}$——与柱翼缘等效的T型连接的螺栓轴线至翼缘边缘的距离；

n_{ep}——计算端板抗弯刚度时，梁模型中用于模拟螺栓的弹簧至支座约束的距离；

n_{cf}——计算柱翼缘抗弯刚度时，梁模型中用于模拟螺栓的弹簧至支座约束的距离；

r_c——柱翼缘根部半径。

2.2.4 计算系数及其他（耐腐蚀、耐火的计算系数）

n——高强度螺栓的数目，受弯构件整体稳定计算公式指数；

α——轴心受压构件板件宽厚比限值的放大系数；

α_0——截面应力分布系数；

α_f——螺栓或焊缝长接头承载力折减系数；

β_m——压弯构件整体稳定的等效弯矩系数；

γ_x，γ_y——对主轴x、y的截面塑性发展系数；

γ_m——圆形构件的截面塑性发展系数；

ε_k——钢号修正系数，其值为235与钢材牌号对应的名义屈服强度的比值的平方根；

ε'_k——钢号修正系数，其值为460与钢材牌号对应的名义屈服强度的比值的平方根；

η——轴心受力构件的有效截面系数；压弯构件整体稳定的截面影响系数；

λ——长细比；

$\lambda_{n,b}$——正则化长细比；

λ_{rep}，λ_{repf}，λ_{repw}——正则化宽厚比；

ρ——轴心受压构件的有效截面系数；

φ——轴心受压构件的整体稳定系数；

φ_b——受弯构件的整体稳定系数；

ψ——压弯构件整体稳定的修正系数；

X——撬力比；

Q_{01}——不考虑螺栓抗弯刚度的撬力与外力的比值。

3 基本规定

3.1 设计原则

3.1.1 抗震耐蚀耐火高强钢结构的设计应符合现行国家标准《工程结构可靠性设计统一标准》(GB 50153—2008)和《建筑结构可靠性设计统一标准》(GB 50068—2018)的规定，并应符合现行国家标准《工程结构设计基本术语标准》(GB/T 50083—2014)、《工程结构设计通用符号标准》(GB/T 50132—2014)、《钢结构设计标准》(GB 50017—2017)和《钢结构工程施工质量验收标准》(GB 50205—2020)的规定。

3.1.2 抗震耐蚀耐火高强钢结构上的作用应根据现行国家标准《建筑结构荷载规范》(GB 50009—2012)确定，其地震作用应根据现行国家标准《建筑抗震设计标准（2024 年版）》(GB/T 50011—2010)确定。

3.1.3 抗震耐蚀耐火高强钢结构的安全等级和设计使用年限应符合现行国家标准《建筑结构可靠性设计统一标准》(GB 50068—2018)的规定。

3.1.4 抗震耐蚀耐火高强钢宜应用于下列构件：

（1）由强度控制截面的构件；

（2）要求自重轻且强度高，对抗震耐蚀耐火要求较高的结构构件。

3.1.5 非抗震设计时，结构或构件变形、构件的长细比应符合现行国家标准《钢结构设计标准》(GB 50017—2017)的规定。

3.1.6 抗震耐蚀耐火高强钢构件的承载力抗震调整系数 γ_{RE} 值视情况而定：用于结构构件和连接的强度计算时应取 0.80，用于结构构件的稳定计算时应取 0.85；当仅用于计算竖向地震作用时，可取 1.0。

3.1.7 采用现行国家标准《钢结构设计标准》(GB 50017—2017)中的抗震性能化设计时，抗震耐蚀耐火高强钢结构设计应按本指南第 3.2 节执行。

3.2 抗震性能化设计

3.2.1 应用于抗震性能化设计的抗震耐蚀耐火高强钢不宜用于塑性耗能区，宜用于下列构件：

（1）延性等级为Ⅴ级的结构构件；

（2）框架结构中符合强柱弱梁要求的框架柱；

（3）中心支撑结构中符合强框架弱支撑要求的柱或梁。

3.2.2 结构构件的长细比和板件宽厚比应符合现行国家标准《钢结构设计标准》(GB 50017—2017）的规定。

3.2.3 结构采用抗震性能化设计时，钢材应符合下列规定：

（1）钢材的屈服强度实测值与抗拉强度实测值的比值不应大于0.85；

（2）钢材的断后伸长率不应小于18%。

4 材　　料

4.1 钢材牌号

4.1.1 本指南采用的抗震耐蚀耐火高强钢为460钢、690钢，其化学成分应该达到表4-1所示的要求。

表4-1 抗震耐蚀耐火钢化学成分 （wt%）

元素	C	Si	Mn	P	S	V	B	Nb	Ti	Al	Cu	Mo	Ni
标准值	0.05~0.11	0.1~0.3	1.00~2.00	≤0.015	≤0.010	0.05~0.10	≤0.0018	0.05~0.10	0.01~0.03	0.015~0.035	1.00~1.50	0.50~0.60	1.00~1.50

4.1.2 本指南采用的抗震耐蚀耐火高强钢为460钢、690钢，其质量应分别符合现行国家标准《低合金高强度结构钢》(GB/T 1591—2018）和《建筑结构用钢板》(GB/T 19879—2023）的规定。

4.1.3 焊接抗震耐蚀耐火高强钢结构构件采用Z向钢时，其质量应符合现行国家标准《厚度方向性能钢板》(GB/T 5313—2023）的规定，且Z向性能应满足Z35的要求。

4.2 连接材料

4.2.1 抗震耐蚀耐火高强钢结构用焊接材料应符合下列规定：

（1）手工焊接用焊条，应符合现行国家标准《热强钢焊条》(GB/T 5118—2012）的规定，焊条型号应与主体钢材力学性能相适应；

（2）自动焊或半自动焊用焊丝应符合现行国家标准《熔化焊用钢丝》

（GB/T 14957—1994）、《熔化极气体保护电弧焊用非合金钢及细晶粒钢实心焊丝》（GB/T 8110—2020）和《热强钢药芯焊丝》（GB/T 17493—2018）的规定；

（3）埋弧焊用焊丝和焊剂应符合现行国家标准《埋弧焊用热强钢实心焊丝、药芯焊丝和焊丝-焊剂组合分类要求》（GB/T 12470 —2018）的规定；

（4）手工焊焊条和埋弧焊焊材的焊缝金属在600 ℃下3 h后的屈服强度应高于室温屈服强度的2/3；在环境温度不低于0 ℃进行焊接时，460 MPa级手工焊接用焊条不需要预热，690 MPa级手工焊接用焊条预热温度应低于70 ℃；

（5）抗震耐蚀耐火高强钢结构用气体保护焊焊丝，化学成分应符合表4-2的相关规定，力学性能应符合表4-3的相关规定；

（6）抗震耐蚀耐火高强钢结构用埋弧焊焊丝，化学成分应符合表4-4的相关规定，力学性能应符合表4-5的相关规定；

（7）焊接材料的型号和性能应与母材的性能相匹配，其熔敷金属的力学性能应符合相关设计规定，并不应低于相应母材标准的下限值；

（8）焊接材料熔敷金属及与母材配合的对接接头性能应满足表4-6的相关要求，且600 ℃下保温3 h后的屈服强度应高于室温屈服强度的2/3。

表4-2　抗震耐蚀耐火高强钢结构用气体保护焊焊丝化学成分　（wt%）

牌号	C	Si	Cr	Ni	Cu	Mn	Mo	Ti	V	Mg
460钢气体保护焊焊丝	0.02～0.14	0.41～1.00	0.10～0.90	0.10～3.00	≤0.70	0.50～1.80	0.20～0.59	≤0.12	≤0.08	≤0.08
690钢气体保护焊焊丝	0.02～0.14	0.41～1.00	≤0.70	1.00～3.50	0.20～0.90	1.20～2.20	0.60～1.00	≤0.12	≤0.10	≤0.10

表 4-3 抗震耐蚀耐火高强钢结构用气体保护焊焊丝力学性能质量评价

牌号	屈服强度/MPa		抗拉强度/MPa		延伸率/%		断面收缩率/%		高温屈服强度/MPa	
	最大	最小	最大	最小	最大	最小	最大	最小	最大	最小
460 钢气体保护焊焊丝	590	410	620	450	26	21	71	60	438	320
690 钢气体保护焊焊丝	592	469	661	538	22	18	—	—	535	463

表 4-4 抗震耐蚀耐火高强钢结构用埋弧焊焊丝化学成分 （wt%）

牌号	C	Si	Cr	Ni	Cu	Mn	Mo	Ti	V	Mg
460 钢埋弧焊焊丝	0. 01 ~ 0. 15	0. 10 ~ 0. 40	0. 10 ~ 0. 90	0. 10 ~ 3. 00	≤ 0. 70	0. 50 ~ 1. 80	0. 20 ~ 0. 59	≤ 0. 12	≤ 0. 08	≤ 0. 08
690 钢埋弧焊焊丝	0. 01 ~ 0. 15	0. 10 ~ 0. 40	≤ 0. 70	1. 00 ~ 3. 50	0. 20 ~ 0. 90	1. 20 ~ 2. 20	0. 60 ~ 1. 00	≤ 0. 12	≤ 0. 10	≤ 0. 10

表 4-5 抗震耐蚀耐火高强钢结构用埋弧焊焊丝力学性能质量评价

牌号	屈服强度/MPa		抗拉强度/MPa		延伸率/%		断面收缩率/%		高温屈服强度/MPa	
	最大	最小	最大	最小	最大	最小	最大	最小	最大	最小
460 钢埋弧焊焊丝	560	400	630	430	26	22	73	67	390	300
690 钢埋弧焊焊丝	776	703	815	709	24	18	—	—	495	461

表 4-6 焊接材料熔敷金属及与母材配合的对接接头性能要求

牌号	检测项目	取样方向	结果描述	最小
460 钢	R_{eL}	横向	MPa	460
	R_m		MPa	570
	$A_{50\ mm}$		%	20
	−40 ℃冲击功 KV_2	纵向	J	69
690 钢	R_{eL}	横向	MPa	690
	R_m		MPa	815
	$A_{50\ mm}$		%	20
	−40 ℃冲击功 KV_2	纵向	J	69

4.2.2 抗震耐蚀耐火高强钢结构用紧固件材料应符合下列规定：

（1）宜采用配套的抗震耐蚀耐火高强螺栓；

（2）抗震耐蚀耐火高强螺栓的质量应符合现行国家标准《钢结构用高强度大六角螺母栓连接副》(GB/T 1231—2024)；

（3）抗震耐蚀耐火高强螺栓的耐蚀耐火性能应匹配钢板和型钢耐蚀耐火性能。

4.3 材料选用

4.3.1 设计时，应综合考虑结构的重要性、荷载特征、应力状态、板件厚度和工作环境、加工条件及钢材性价比等要素，合理地选用钢材牌号、质量等级、性能指标和技术要求，并明确交货状态；钢材质量等级的选取应满足钢材在结构工作温度下具有冲击韧性合格保证的要求。

4.3.2 抗震耐蚀耐火高强钢的选用应符合下列规定：

（1）选用的抗震耐蚀耐火高强钢应具有屈服强度、断后伸长率、抗拉强度和化学元素含量的合格保证，焊接结构采用的抗震耐蚀耐火高强钢尚应具有化学元素含量的合格保证；

（2）焊接结构以及重要的非焊接结构选用的抗震耐蚀耐火高强钢应具有冷弯试验的合格保证；

（3）直接承受动力荷载、重要的受拉或受弯焊接结构或需验算疲劳的构件选用的抗震耐蚀耐火高强钢应具有冲击韧性的合格保证。

4.4 设计指标

4.4.1 抗震耐蚀耐火高强钢的抗力分项系数统计分析值如表 4-7 所示，460 钢的抗力分项系数比规范取值大，460 钢的抗力分项系数选用统计分析值。690 钢的抗力分项系数比规范取值小，为安全起见，690 钢的抗力分项系数与规范取用值保持一致，取为 1.160。

表 4-7 抗震耐蚀耐火高强钢的抗力分项系数

钢材牌号	钢材厚度或直径/mm	抗力分项系数 γ_R	
		统计分析值	规范取用值
460 钢	≤16	1.130	1.125
	>16，≤40	1.135	1.125
690 钢	≤16	1.080	1.160
	>16，≤40	1.110	1.160

4.4.2 抗震耐蚀耐火高强钢在常温下的设计用强度指标，应根据钢材牌号、厚度或直径按表 4-8 采用。

表 4-8 抗震耐蚀耐火高强钢在常温下的设计用强度指标 (MPa)

钢材牌号	钢材厚度或直径/mm	强度设计值			钢材强度	
		抗拉、抗压、抗弯 f	抗剪 f_v	端面承压（刨平顶紧）f_{ce}	屈服强度 f_y	抗拉强度最小值 f_u
460 钢	≤16	410	235	470	460	550
	>16，≤40	390	225		440	
690 钢	≤16	600	345	670	690	820
	>16，≤40	575	330		680	800

4.4.3 焊缝的强度设计指标应按表 4-9 采用，并应符合下列规定：

表 4-9 焊缝强度设计指标 (MPa)

焊接方法和焊条型号	构件钢材		一级、二级对接焊缝强度设计值			角焊缝强度设计值	角焊缝抗拉、抗压和抗剪强度 f_u^f
	牌号	厚度或直径/mm	抗压 f_c^w	抗拉 f_t^w	抗剪 f_v^w	抗压、抗拉和抗剪 f_f^w	
自动焊、半自动焊和E55、E60、E62 型焊条手工焊	460 钢	≤16	410	410	235	220（E55） 240（E60） 255（E62）	315（E55） 340（E60） 360（E62）
		>16，≤40	390	390	225		
		>40，≤63	355	355	205		
		>63，≤100	340	340	195		
自动焊、半自动焊和 E69、E76 型焊条手工焊	690 钢	≤16	630	630	365	285（E69） 310（E76）	400（E69） 440（E76）
		>16，≤40	615	615	355		
		>40，≤63	605	605	350		
		>63，≤80	585	585	340		

（1）焊缝质量等级应符合现行国家标准《钢结构焊接规范》(GB 50661—2011）的规定，其检验方法应符合现行国家标准《钢结构工程施工质量验收标准》(GB 50205—2020）的规定，厚度小于 6 mm 钢材的对接焊缝，不应采用超声波探伤确定焊缝质量等级；

（2）对接焊缝在受压区的抗弯强度设计值取 f_c^w，在受拉区的抗弯强度设计值取 f_t^w；

（3）计算下列情况的连接时，焊缝强度设计值应乘以相应的折减系数，几种情况同时存在时，其折减系数应连乘：

1）施工条件较差的高空安装焊缝应乘以折减系数 0.90；

2）进行无垫板的单面施焊对接焊缝的连接计算应乘以折减系数 0.85。

4.4.4 抗震耐蚀耐火高强螺栓承压型连接在常温下的强度设计指标应按表 4-10 采用，抗震耐蚀耐火高强螺栓摩擦型连接在常温下的接触面抗滑移系数应按表 4-11 采用，单个抗震耐蚀耐火高强螺栓的预拉力设计值应按《高强钢结构设计标准》(JGJ/T 483—2020）相关规定执行。抗震耐蚀耐火高强螺栓钢抗延迟断裂性能应满足在 100 h 延迟断裂试验，0.8 倍屈服强度，饱和充氢含量［H］c≥3 ppm 情况下螺栓不发生断裂。

表 4-10　抗震耐蚀耐火高强螺栓承压型连接在常温下的强度设计指标　（MPa）

螺栓的性能等级和构件钢材的牌号		抗拉 f_t^b	抗剪 f_v^b	承压 f_c^b	高强度螺栓的抗拉强度最小值 f_u^b
高强度螺栓连接副	10.9 级	500	310	—	1040
	12.9 级	585	365	—	1220
连接处构件钢材牌号	Q460	—	—	695	—
	Q690	—	—	970	—

表 4-11　抗震耐蚀耐火高强螺栓摩擦型连接在常温下的接触面抗滑移系数

连接处板件接触面的处理方法	抗滑移系数	
	Q460	Q690
喷硬质石英砂	0.40	0.45

注：采用其他类型的接触面处理工艺，应由可靠试验结果确定抗滑移系数（抗滑移系数建议参考 GB 50017—2017、JGJ/T 483—2020。项目做的部分接头抗滑移系数实测值，比上述标准值略小，但试验样本有限，代表性有限。这里列出数据，仅供参考）。

4.5　火灾高温下的钢材性能

4.5.1　在火灾高温下，抗震耐蚀耐火钢的有关物理参数应按《建筑钢结构防火技术规范》(GB 51249—2017) 的有关规定确定。

4.5.2　460 钢、690 钢在火灾高温下的应力-应变本构关系可采用下列公式所示的两阶段 R-O 模型表示：

$$\varepsilon_T=\begin{cases}\dfrac{f_T}{E_T}+0.002\left(\dfrac{f_T}{f_{0.2,T}}\right)^{n_T}, & f_T\leqslant f_{0.2,T}\\[2ex] \dfrac{f_T-f_{0.2,T}}{E_{0.2,T}}+\left(\varepsilon_{u,T}-\varepsilon_{0.2,T}-\dfrac{f_{u,T}-f_{0.2,T}}{E_{0.2,T}}\right)\left(\dfrac{f_T-f_{0.2,T}}{f_{u,T}-f_{0.2,T}}\right)^{m_T}+\varepsilon_{0.2,T}, & f_{0.2,T}\leqslant f_T\leqslant f_{u,T}\end{cases} \tag{4-1}$$

$$E_{0.2,T}=\frac{E_T}{1+0.002\dfrac{n_T E_T}{f_{0.2,T}}} \tag{4-2}$$

$$\varepsilon_{0.2,T}=0.002+\frac{f_{0.2,T}}{E_T} \tag{4-3}$$

式中：

ε_T——抗震耐蚀耐火高强钢在温度为 T(℃) 时的应变值；

$\varepsilon_{u,T}$——温度为 T(℃) 条件下，抗震耐蚀耐火高强钢达到屈服强度时的应变值；

$\varepsilon_{0.2,T}$——温度为 T(℃) 条件下，抗震耐蚀耐火高强钢达到抗拉强度时的应变值；

n_T，m_T——抗震耐蚀耐火高强钢在火灾高温下的应变硬化指数，取值可按表 4-12 和表 4-13 确定，也可根据标准拉伸试验确定；

f_T——抗震耐蚀耐火高强钢在温度为 T(℃) 时的强度值，MPa；

$f_{0.2,T}$——抗震耐蚀耐火高强钢在火灾高温下的名义屈服强度，MPa；

$f_{u,T}$——抗震耐蚀耐火高强钢在火灾高温下的抗拉强度，MPa；

E_T——抗震耐蚀耐火高强钢在火灾高温下的弹性模量，MPa；

$E_{0.2,T}$——温度为 T(℃) 条件下，抗震耐蚀耐火高强钢达到抗拉强度时的弹性模量，MPa。

表 4-12　460 钢极限应变和应变硬化指数取值

温度/℃	$\varepsilon_{u,T}$/%	n_T	m_T
20	9.63	23.9	2.8
100	7.42	20.6	3.1
200	7.27	14.3	4.1
300	11.53	8.5	4.0
400	6.40	7.8	4.5
500	6.20	8.0	4.8
600	1.63	8.4	4.2
700	0.74	7.1	2.4
800	1.08	10.2	2.6
900	4.71	12.6	2.9

表 4-13　690 钢极限应变和应变硬化指数取值

温度/℃	$\varepsilon_{u,T}$/%	n_T	m_T
20	8.20	20.3	2.5
200	6.61	14.3	2.0
400	5.34	13.0	3.5
600	1.28	7.0	3.5
700	1.05	4.9	4.0
900	2.55	8.5	4.0

4.5.3 抗震耐蚀耐火钢在火灾高温下的名义屈服强度 $f_{0.2,T}$ 可按下列规定计算：

（1）460 钢：

$$\eta_{0.2}=\frac{f_{0.2,T}}{f_{0.2}}=\begin{cases}\dfrac{283(T-718)}{250(T-810)}, & 20\ ℃ \leqslant T < 600\ ℃\\[2ex] \dfrac{983-T}{2.52T-909}, & 600\ ℃ \leqslant T \leqslant 1000\ ℃\end{cases} \tag{4-4}$$

（2）690 钢：

$$\frac{f_{0.2,T}}{f_{0.2}}=\begin{cases}1.000-\dfrac{T-20}{3200}, & 20\ ℃ \leqslant T \leqslant 350\ ℃\\[2ex] 0.85-\dfrac{T-500}{400}, & 350\ ℃ < T \leqslant 650\ ℃\\[2ex] 0.1-\dfrac{T-800}{4000}, & 650\ ℃ < T \leqslant 1200\ ℃\end{cases} \tag{4-5}$$

式中：

$\eta_{0.2}$——460 钢在火灾高温下的屈服强度折减系数；

$f_{0.2}$——抗震耐蚀耐火高强钢在常温下的屈服强度，MPa；

$f_{0.2,\mathrm{T}}$——抗震耐蚀耐火钢在火灾高温下的名义屈服强度，MPa。

4.5.4 抗震耐蚀耐火钢在火灾高温下的抗拉强度$f_{\mathrm{u,T}}$可按下列规定计算：

（1）460 钢：

$$\eta_{\mathrm{u}}=\frac{f_{\mathrm{u,T}}}{f_{\mathrm{u}}}=\begin{cases}1, & 20\ ℃\leqslant T<400\ ℃\\ 1.8921-2.230\times10^{-3}T, & 400\ ℃\leqslant T\leqslant800\ ℃\\ 0.3240-2.700\times10^{-4}T, & 800\ ℃\leqslant T\leqslant1000\ ℃\end{cases}\tag{4-6}$$

（2）690 钢：

$$\frac{f_{\mathrm{u,T}}}{f_{\mathrm{u}}}=\begin{cases}\dfrac{7T-4790}{6T-4770}, & 20\ ℃\leqslant T<650\ ℃\\ \dfrac{1200-T}{9(T-468)}, & 650\ ℃\leqslant T\leqslant1200\ ℃\end{cases}\tag{4-7}$$

式中：

η_{u}——460 钢在火灾高温下的抗拉强度折减系数；

f_{u}——抗震耐蚀耐火高强钢在火灾常温下的抗拉强度，MPa；

$f_{\mathrm{u,T}}$——抗震耐蚀耐火钢在火灾高温下的抗拉强度，MPa。

4.5.5 抗震耐蚀耐火钢在火灾高温下的弹性模量E_{T}可按下列规定计算：

（1）460 钢：

$$\eta_{\mathrm{E}}=\frac{E_{\mathrm{T}}}{E}=-7.589\times10^{-11}T^{3}-9.762\times10^{-7}T^{2}+4.876\times10^{-5}T+0.999,\quad 20\ ℃\leqslant T\leqslant1000\ ℃\tag{4-8}$$

（2）690 钢：

$$\frac{E_{\mathrm{T}}}{E}=\begin{cases}1.000-\dfrac{T-20}{1750}, & 20\ ℃\leqslant T\leqslant650\ ℃\\ 0.64-\dfrac{T-650}{385}, & 650\ ℃<T\leqslant800\ ℃\\ 0.25-\dfrac{T-800}{1600}, & 800\ ℃<T\leqslant1200\ ℃\end{cases}\tag{4-9}$$

式中：

η_E——460 钢在火灾高温下的弹性模量折减系数；

E——抗震耐蚀耐火高强钢在常温下的弹性模量，MPa；

E_T——抗震耐蚀耐火高强钢在火灾高温下的弹性模量，MPa。

4.5.6 抗震耐蚀耐火高强度螺栓在火灾高温下的应力-应变本构关系可采用两阶段 R-O 模型表示，具体公式形式按本指南第 4.5.2 条采用。

4.5.7 抗震耐蚀耐火高强度螺栓在火灾高温下的屈服强度 $f^b_{0.2,T}$ 可按下列公式计算：

$$\eta^b_{0.2}=\frac{f^b_{0.2,T}}{f^b_{0.2}}=\begin{cases}\dfrac{11T-7550}{9T-7510}, & 20\ ℃\leqslant T<650\ ℃\\[2ex] \dfrac{11(1000-T)}{200(T-570)}, & 650\ ℃\leqslant T\leqslant 1000\ ℃\end{cases}\tag{4-10}$$

式中：

$\eta^b_{0.2}$——抗震耐蚀耐火高强度螺栓在火灾高温下的屈服强度折减系数；

$f^b_{0.2,T}$——抗震耐蚀耐火高强度螺栓在火灾高温下的屈服强度，MPa；

$f^b_{0.2}$——抗震耐蚀耐火高强度螺栓在常温下的屈服强度，MPa。

4.5.8 抗震耐蚀耐火高强度螺栓在火灾高温下的抗拉强度 $f^b_{u,T}$ 可按下列公式计算：

$$\eta^b_u=\frac{f^b_{u,T}}{f^b_u}=\begin{cases}\dfrac{7T-4790}{6T-4770}, & 20\ ℃\leqslant T<650\ ℃\\[2ex] \dfrac{7(1000-T)}{100(T-560)}, & 650\ ℃\leqslant T\leqslant 1000\ ℃\end{cases}\tag{4-11}$$

式中：

η^b_u——抗震耐蚀耐火高强度螺栓在火灾高温下的抗拉强度折减系数；

$f^b_{u,T}$——抗震耐蚀耐火高强度螺栓在火灾高温下的抗拉强度，MPa；

f^b_u——抗震耐蚀耐火高强度螺栓在常温下的抗拉强度，MPa。

4.5.9 抗震耐蚀耐火高强度螺栓在火灾高温下的弹性模量 E^b_T 可按下列公式计算：

$$\eta_E^b = \frac{E_T^b}{E^b} = \begin{cases} 1.000, & 20\ ℃ \leqslant T \leqslant 300\ ℃ \\ \dfrac{15T - 10400}{13T - 9800}, & 300\ ℃ < T \leqslant 650\ ℃ \\ \dfrac{13T - 23750}{125T - 49400}, & 650\ ℃ < T \leqslant 900\ ℃ \\ 1.862 - \dfrac{19(T - 20)}{10000}, & 900\ ℃ < T \leqslant 1000\ ℃ \end{cases} \tag{4-12}$$

式中：

η_E^b——抗震耐蚀耐火高强度螺栓在火灾高温下的弹性模量折减系数；

E_T^b——抗震耐蚀耐火高强度螺栓在火灾高温下的弹性模量，MPa；

E^b——抗震耐蚀耐火高强度螺栓在常温下的弹性模量，MPa。

4.5.10 抗震耐蚀耐火高强度螺栓在火灾高温下的极限应变 $\varepsilon_{u,T}^b$ 可按下列公式计算：

$$\varepsilon_{u,T}^b = 5.5\% \times \begin{cases} \dfrac{11T - 5100}{10T - 5080}, & 20\ ℃ \leqslant T \leqslant 400\ ℃ \\ \dfrac{7T - 9280}{50T - 10000}, & 400\ ℃ < T \leqslant 650\ ℃ \\ \dfrac{71T - 40900}{25000}, & 650\ ℃ < T \leqslant 1000\ ℃ \end{cases} \tag{4-13}$$

式中：

$\varepsilon_{u,T}^b$——温度为 T(℃) 时，抗震耐蚀耐火高强度螺栓在火灾高温下的极限应变。

4.5.11 耐蚀耐火高强度螺栓在火灾高温下的应变指数 n_T 和 m_T 可按下列公式计算：

$$n_T^b = \begin{cases} \dfrac{560 - 3T}{10}, & 20\ ℃ \leqslant T < 100\ ℃ \\ \dfrac{3500 - 9T}{100}, & 100\ ℃ \leqslant T < 200\ ℃ \\ \dfrac{10250 - 13T}{450}, & 300\ ℃ \leqslant T < 650\ ℃ \\ \dfrac{T - 550}{25}, & 650\ ℃ \leqslant T \leqslant 1000\ ℃ \end{cases} \tag{4-14}$$

$$m_{\mathrm{T}}^{\mathrm{b}}=\begin{cases}\dfrac{T+340}{180}, & 20\ ℃ \leqslant T \leqslant 650\ ℃ \\ \dfrac{3325-3T}{250}, & 650\ ℃ < T \leqslant 1000\ ℃\end{cases} \tag{4-15}$$

式中：

$n_{\mathrm{T}}^{\mathrm{b}}$，$m_{\mathrm{T}}^{\mathrm{b}}$——抗震耐蚀耐火高强度螺栓在火灾高温下的应变硬化指数。

5 轴心受力构件

5.1 抗震耐蚀耐火钢轴心受力构件的截面强度按国家标准《钢结构设计标准》(GB 50017—2017) 的相关规定计算，材料设计指标和设计参数采用本指南 4.4 节的相关规定。

5.2 抗震耐蚀耐火钢焊接工字形截面轴心受压构件的稳定性计算应符合下式要求：

$$\frac{N}{\varphi A f} \leqslant 1.0 \tag{5-1}$$

式中：

φ——轴心受压构件的稳定系数（取截面两主轴稳定系数中的较小者），根据构件的长细比（或换算长细比）、钢材屈服强度以及截面分类，按国家标准《钢结构设计标准》(GB 50017—2017) 附录 D 采用。

5.3 460 钢焊接工字形截面轴心受压构件的稳定性计算截面分类：绕截面强轴和弱轴均取 b 类；690 钢焊接工字形截面轴心受压构件的稳定性计算截面分类：绕截面强轴取 a 类，弱轴取 b 类。

5.4 抗震耐蚀耐火钢轴心受压构件的长细比、剪力计算可参考国家标准《钢结构设计标准》(GB 50017—2017) 相关规定。

5.5 抗震耐蚀耐火钢焊接工字形截面轴心受压构件的局部稳定和屈曲后强度的计算，可参考国家标准《钢结构设计标准》(GB 50017—2017)、行业标准《高强钢结构设计标准》(JGJ/T 483—2020) 的相关规定。

6 受弯构件

6.1 受弯构件的强度

6.1.1 在主平面内受弯的实腹构件，其抗弯强度应按下式计算：

$$\frac{M_x}{\gamma_x W_{nx}} + \frac{M_y}{\gamma_y W_{ny}} \leqslant f \tag{6-1}$$

式中：

M_x，M_y——同一截面处绕 x 轴和 y 轴的弯矩设计值，N·mm；

W_{nx}，W_{ny}——对 x 轴和 y 轴的净截面模量，mm^3，截面分类和有效截面计算应按现行国家标准《钢结构设计标准》(GB 50017—2017)的规定采用；

γ_x，γ_y——截面塑性发展系数，460 钢按现行国家标准《钢结构设计标准》(GB 50017—2017) 的规定取值，690 钢的截面塑性发展系数取 1.0；

f——钢材的抗弯强度设计值，MPa。

6.1.2 在主平面内受弯的实腹构件，其抗剪强度应按下式计算：

$$\tau = \frac{VS}{It_w} \leqslant f_v \tag{6-2}$$

式中：

V——计算截面沿腹板平面作用的剪力设计值，N；

S——计算剪应力处以上（或以下）毛截面对中和轴的面积矩，mm^3；

I——构件的毛截面惯性矩，mm^4；

t_w——构件的腹板厚度，mm；

f_v——钢材的抗剪强度设计值，MPa。

6.2 受弯构件的稳定性

6.2.1 在最大刚度主平面内受弯的构件，当梁腹板满足局部稳定性要求时，其整体稳定性应按下式计算：

$$\frac{M_x}{\varphi_b \gamma_x W_x f} \leqslant 0.85 \tag{6-3}$$

式中：

M_x——绕强轴作用，N · mm；

φ_b——梁的整体稳定性系数，按本指南第 6.2.2 条确定；

W_x——按受压最大纤维确定的梁毛截面模量，mm^3；

0.85——由同济大学进行的 H 型钢梁实验研究，稳定系数 φ_b 与参数分析结果 φ 略有差异，为安全起见，对梁强度进行折减。

6.2.2 梁的整体稳定性系数应按国家标准《钢结构设计标准》(GB 50017—2017) 附录 C 确定。

6.2.3 当箱形截面简支梁截面尺寸（图 6-1）同时满足 $h/b_0 \leqslant 6$ 和 $l_1/b_0 \leqslant 95\varepsilon_k^2$ 时（l_1为受压翼缘侧向支承点间的距离），可不计算整体稳定性。

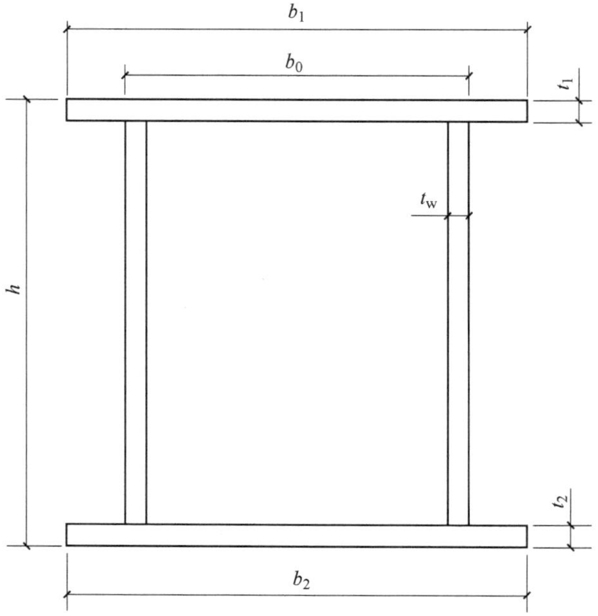

图 6-1　箱形截面

6.3 受弯构件的局部稳定性

6.3.1 受弯构件翼缘宽厚比应符合下列规定：

（1）工字形截面

$$\frac{b}{t_f} \leqslant 15\varepsilon_k \tag{6-4}$$

（2）箱形截面

$$\frac{b_0}{t} \leqslant 46\varepsilon_k \tag{6-5}$$

式中：

b——工字形截面的翼缘外伸宽度，mm；

b_0——箱形截面壁板间的净距离，mm；

t_f——字形截面的翼缘厚度，mm；

t——箱形截面的壁板厚度，mm。

（3）当梁抗弯强度计算取 $\gamma_x = 1.05$ 时，工字形截面 b/t_f 宜减小至 $13\varepsilon_k$，箱形截面 b_0/t 宜减小至 $42\varepsilon_k$。

6.3.2 采用抗震耐蚀耐火高强钢的板件不应考虑其屈曲后强度。承受静力荷载和间接承受动力荷载的焊接截面梁，当 $h_0/t_w > 80\varepsilon_k$ 时，焊接截面梁应按现行国家标准《钢结构设计标准》(GB 50017—2017）的规定计算腹板的稳定性，其中 h_0 和 t_w 分别为梁腹板的计算高度和厚度。轻、中级工作制吊车梁计算腹板的稳定性时，吊车轮压设计值可乘以折减系数 0.9。

6.3.3 对于焊接截面梁，应按下列规定配置加劲肋：

（1）当 $h_0/t_w \leqslant 80\varepsilon_k$ 时，对有局部压应力的梁，应按构造配置横向加劲肋；当局部压应力较小时，可不配置加劲肋。

（2）当 $h_0/t_w > 80\varepsilon_k$ 时，应配置横向加劲肋。其中，当 $h_0/t_w > 170\varepsilon_k$（受压翼缘扭转受到约束，如连有刚性铺板、制动板或焊有钢轨）或 $h_0/t_w > 150\varepsilon_k$（受压翼缘扭转未受到约束）时，应在弯曲应力较大区格的受压区增加配置纵向加劲肋。局部压应力很大的梁，宜在受压区配置短加劲肋。

（3）h_0/t_w 不应超过 250。

7　拉弯和压弯构件

7.1　拉弯和压弯构件的强度

弯矩作用在两个主平面内的拉弯构件和压弯构件，其截面强度应按下列规定计算：

（1）圆形截面压弯构件：

$$\frac{N}{A_n}+\frac{\sqrt{M_x^2+M_y^2}}{\gamma_m W_n}\leqslant f \tag{7-1}$$

式中：

A_n——构件的净截面面积，mm^2；

γ_m——圆形构件的截面塑性发展系数，460 钢按现行国家标准《钢结构设计标准》（GB 50017—2017）取值，690 钢截面塑性发展系数取 1.0；

W_n——构件的净截面模量，mm^3，按本指南第 6.1.1 条的规定取值。

（2）除圆形截面外的压弯构件：

$$\frac{N}{A_n}\pm\frac{M_x}{\gamma_x W_{nx}}\pm\frac{M_y}{\gamma_y W_{ny}}\leqslant f \tag{7-2}$$

式中：

γ_x，γ_y——与截面模量相应的截面塑性发展系数，460 钢按现行国家标准《钢结构设计标准》（GB 50017—2017）取值，690 钢截面塑性发展系数取 1.0。

7.2　压弯构件的稳定性

7.2.1　弯矩作用在对称轴平面内的实腹式压弯构件，x 轴为对称轴，其弯矩作用平面内的稳定性应符合下列规定：

（1）弯矩作用平面内的稳定性应按下列公式计算：

$$\frac{N}{\varphi_x Af}+\frac{\psi\beta_{mx}M_x}{\gamma_x W_{1x}f\left(1-0.8\frac{N}{N'_{Ex}}\right)}\leqslant 0.85 \tag{7-3}$$

$$N'_{Ex}=\frac{\pi^2 EA}{1.1\lambda_x^2} \tag{7-4}$$

式中：

N——所计算构件范围内轴心压力设计值，N；

ψ——修正系数，当$\frac{N}{\varphi_x Af}\geqslant 0.2$时，$\psi$取0.9，$\frac{N}{\varphi_x Af}<0.2$时，$\psi=1-\frac{0.5N}{\varphi_x Af}$，对于460钢，$\psi$取1.0；

β_{mx}——等效弯矩系数，应按现行国家标准《钢结构设计标准》（GB 50017—2017）的规定取值；

M_x——所计算构件段范围内的最大弯矩设计值，N·mm；

φ_x——弯矩作用平面内轴心受压构件稳定系数；

W_{1x}——在弯矩作用平面内对受压最大纤维的毛截面模量，mm^3。

（2）对于单轴对称压弯构件，当弯矩作用在对称平面内且使翼缘受压时，除应按本指南式（7-3）计算外，尚应满足现行国家标准《钢结构设计标准》（GB 50017—2017）和行业标准《高强钢结构设计标准》（JGJ/T 483—2020）的规定。

7.2.2 弯矩作用在对称轴平面内的实腹式压弯构件，其弯矩作用平面外的稳定性应按下式计算：

$$\frac{N}{\varphi_y Af}+\eta\frac{M_x}{\varphi_b\gamma_x W_{1x}f}\leqslant 0.85 \tag{7-5}$$

式中：

η——截面影响系数，闭口截面η取0.7，其他截面η取1.0；

M_x——所计算构件段范围内的最大弯矩设计值，N·mm；

φ_y——弯矩作用平面外轴心受压构件稳定系数；

φ_b——梁的整体稳定性系数，按本指南第6.2.2条确定。

7.2.3 弯矩绕虚轴作用的格构式压弯构件，其弯矩作用平面内的整体稳定性应按现行国家标准《钢结构设计标准》(GB 50017—2017) 的规定计算。

7.2.4 弯矩绕实轴作用的格构式压弯构件，其弯矩作用平面内和平面外的稳定性应按现行国家标准《钢结构设计标准》(GB 50017—2017) 的规定计算。

7.2.5 当柱段中没有很大横向力或集中弯矩时，双向压弯圆管的整体稳定应按现行国家标准《钢结构设计标准》(GB 50017—2017) 的规定计算。

7.2.6 弯矩作用在两个主平面内的双轴对称实腹式工字形和箱形截面的压弯构件，其稳定性应按下列公式计算：

$$\frac{N}{\varphi_x Af}+\frac{\psi\beta_{mx}M_x}{\gamma_x W_x f\left(1-0.8\dfrac{N}{N'_{Ex}}\right)}+\eta\frac{M_y}{\varphi_{by}\gamma_y W_y f}\leqslant 0.85 \tag{7-6}$$

$$\frac{N}{\varphi_y Af}+\frac{\psi\beta_{my}M_y}{\gamma_y W_y f\left(1-0.8\dfrac{N}{N'_{Ey}}\right)}+\eta\frac{M_x}{\varphi_{bx}\gamma_x W_x f}\leqslant 0.85 \tag{7-7}$$

式中：

β_{mx}，β_{my}——等效弯矩系数，应按本指南第7.2.1条弯矩作用平面内稳定计算的有关规定采用；

M_x，M_y——所计算构件段范围内对强轴 x-x 和弱轴 y-y 的最大弯矩设计值，N·mm；

φ_x，φ_y——对强轴 x-x 和弱轴 y-y 的轴心受压构件整体稳定系数；

φ_{bx}，φ_{by}——考虑弯矩变化和荷载位置影响的受弯构件整体稳定系数；对闭合截面，取 $\varphi_{bx}=\varphi_{by}=1.0$；

W_x，W_y——对强轴 x-x 和弱轴 y-y 的毛截面模量，mm^3。

7.2.7 弯矩作用在两个主平面内的双肢格构式压弯构件，其稳定性应按现行国家标准《钢结构设计标准》(GB 50017—2017) 的规定计算。

7.2.8 用作减小压弯构件弯矩作用平面外计算长度的支撑，应将实腹式压弯构件的受压翼缘或格构式压弯构件的受压分肢视为轴心受压构件，按现行国家标准《钢结构设计标准》(GB 50017—2017) 的规定计算各自的支撑力。

7.3 压弯构件的局部稳定性

7.3.1 压弯构件在验算局部稳定性时，腹板、翼缘宽厚比应符合现行国家标准《钢结构设计标准》(GB 50017—2017) 和行业标准《高强钢结构设计标准》(JGJ/T 483—2020) 的规定。

7.3.2 压弯构件的板件当用纵向加劲肋加强以满足宽厚比限值时，加劲肋宜在板件两侧成对配置，其一侧外伸宽度不应小于 $10t$，厚度不宜小于 $0.75t$，其中，t 为板件厚度。

8 连接和节点

8.1 一般规定

8.1.1 抗震耐蚀耐火高强钢构件可采用焊缝连接和螺栓连接，连接和节点设计以及构造要求除应符合本章规定外，尚应符合现行国家标准《钢结构设计标准》(GB 50017—2017) 连接和节点的要求。

8.1.2 当采用螺栓连接时，抗震耐蚀耐火高强钢构件应采用抗震耐蚀耐火高强度螺栓摩擦型连接或承压型连接。

8.1.3 当采用焊缝连接时，在使用前应进行焊接性试验。

8.2 焊缝连接

8.2.1 抗震耐蚀耐火高强钢构件采用焊缝连接时，焊缝的坡口形式和焊缝连接的构造要求应符合现行国家标准《钢结构设计标准》(GB 50017—2017) 和《钢结构焊接规范》(GB 50661—2011) 的规定。

8.2.2 焊缝连接应采用匹配的焊接材料，不同牌号的结构钢材焊接时，焊材可采用与屈服强度低的母材相匹配的焊接材料，焊接工艺应按照就高不就低的原则进行选用。

8.2.3 焊缝强度计算应按现行国家标准《钢结构设计标准》(GB 50017—2017) 的规定进行。

8.2.4 采用角焊缝的搭接焊接接头中，折减系数 α_f 及焊缝计算长度 l_w 应参照国家标准《钢结构设计标准》(GB 50017—2017) 和行业标准《高强钢结构设计标准》(JGJ/T 483—2020) 的规定。

8.3 高强度螺栓连接

8.3.1 抗震耐蚀耐火高强度螺栓连接的构造要求应符合现行国家标准《钢结构设计标准》(GB 50017—2017) 和行业标准《高强钢结构设计标准》(JGJ/T 483—2020) 的规定。

8.3.2 抗震耐蚀耐火高强度螺栓计算应符合下列规定:

(1) 抗震耐蚀耐火高强度螺栓摩擦型连接板件接触面的处理方法应在施工图中说明，抗滑移系数应按本指南的表 4-11 采用;

(2) 抗震耐蚀耐火高强度螺栓摩擦型连接受剪承载力计算应符合现行国家标准《钢结构设计标准》(GB 50017—2017) 的规定;

(3) 抗震耐蚀耐火高强度螺栓承压型连接计算应符合现行国家标准《钢结构设计标准》(GB 50017—2017) 的规定，连接承压强度设计值应按本指南表 4-10 采用;

(4) 高强度螺栓摩擦型连接受剪承载力设计值不应大于对应的承压型连接承载力设计值。

8.4 梁柱连接节点

8.4.1 460 钢、690 钢梁柱节点形式宜采用盖板加强型梁柱节点，具体构造要求应符合国家标准《建筑抗震设计标准》(GB 50011—2010) 和行业标准《高层民用建筑钢结构技术规程》(JGJ 99—2015) 的相关规定。

8.4.2 460 钢、690 钢梁柱节点的承载力计算应符合国家标准《建筑抗震设计标准》(GB 50011—2010) 和行业标准《高层民用建筑钢结构技术规程》(JGJ 99—2015) 的相关规定。

8.4.3 460 钢、690 钢梁柱节点设计应考虑强度-延性平衡的设计理念，采用下列公式计算平衡系数 $1/\beta_{pz}$，并对其取值范围进行限制；平衡系数 $1/\beta_{pz} \geq 0.85$ 时可避免节点域过于薄弱，$1/\beta_{pz} \leq 1.5$ 时可较好利用节点域塑性变形能力，从而提高节点的耗能能力和延性；设计时宜将平衡系数 $1/\beta_{pz}$ 控制在 1.20 左右，该取值作为节点域受剪屈服和梁受弯屈服的临界点，能充分综合发挥节点域和梁端塑性较共同耗能。

$$\frac{1}{\beta_{pz}}=\frac{0.55f_{y,pz}h_c t_{pz}(h_b+2t_p)}{\frac{L}{L-h_c-2l_p}\frac{H-h_b-2t_p}{H}\sum M_{yb}} \tag{8-1}$$

式中：

$f_{y,pz}$——节点域钢材的屈服强度，MPa；

h_c——柱的截面高度，mm；

h_b——梁的截面高度，mm；

H——柱的高度，mm；

L——梁的跨度，mm；

l_p，t_p——对盖板加强型节点，分别为盖板的长度和厚度，mm；

t_{pz}——节点域钢材的厚度，mm；

M_{yb}——梁端塑性铰处弹性屈服弯矩，N · mm。

8.5 T 型 连 接

8.5.1 不考虑螺栓抗弯刚度的抗震耐蚀耐火高强钢 T 型连接初始刚度为：

$$k_T=\frac{48}{Z_T[1-\kappa(3\alpha_T-4\alpha_T^3)]} \tag{8-2}$$

其中：

$$Z_T=\frac{l_T^3}{E_T I_T}=\frac{12l_T^3}{E_T l_{eff} t^3},\ l_T=2(m+n),\ \kappa=\frac{Z_T\alpha_{T1}}{Z_T\alpha_{T2}+\frac{l_b}{E_b A_b}}$$

$$\alpha_T=\frac{n}{l_T},\ \alpha_{T1}=\frac{\alpha_T}{8}-\frac{\alpha_T^3}{6},\ \alpha_{T2}=\frac{\alpha_T^2}{2}-\frac{2\alpha_T^3}{3}$$

式中：

I_T——翼缘板的截面惯性矩，mm^4；

l_T——梁长度，mm；

t——翼缘板厚度，mm；

E_T——翼缘板和螺栓所采用钢材的弹性模量，MPa；

E_b——螺栓所采用钢材的弹性模量，MPa；

A_b——螺栓的有效截面面积，mm^2；

l_{eff}——翼缘板塑性铰线的计算长度，mm；

l_b——螺栓产生轴向变形的长度，mm；

n——螺栓轴线至翼缘边缘的距离，mm；

m——螺栓轴线至翼缘板根部的距离，mm。

m、l_{eff}及 l_{b}的计算方法见 EN 1993-1-8。

8.5.2 考虑螺栓抗弯刚度的无预紧力抗震耐蚀耐火高强钢 T 型连接初始刚度为：

$$k_{\text{BT}} = \frac{48}{Z_{\text{T}}[1 - \kappa_2(3\alpha_{\text{T}} - 4\alpha_{\text{T}}^3) - \kappa_1\kappa_2(3 - 12\alpha_{\text{T}}^2)]} \tag{8-3}$$

其中：

$$\kappa_1 = \frac{Z_{\text{T}}\alpha_{\text{T2}} + \frac{1}{k_b} - Z_{\text{T}}\frac{\alpha_{\text{T1}}\alpha_{\text{T3}}}{\alpha_{\text{T4}}}}{Z_{\text{T}}\frac{\alpha_{\text{T1}}\alpha_{\text{T5}}}{\alpha_{\text{T4}}} + \frac{l_{\text{T}}^2\alpha_{\text{T1}}}{k_{\text{bb}}\alpha_{\text{T4}}} - Z_{\text{T}}\alpha_{\text{T3}}}$$

$$\kappa_2 = \frac{Z_{\text{T}}\alpha_{\text{T1}}}{Z_{\text{T}}\alpha_{\text{T2}} + Z_{\text{T}}\kappa_1\alpha_{\text{T3}} + \frac{1}{k_{\text{b}}}}$$

$$\alpha_{\text{T3}} = \frac{\alpha_{\text{T}}}{2} - \alpha_{\text{T}}^2,\quad \alpha_{\text{T4}} = \frac{1}{8} - \frac{\alpha_{\text{T}}^2}{2},\quad \alpha_{\text{T5}} = \frac{1}{2} - \alpha_{\text{T}}$$

式中：

k_{b}——螺栓的轴向刚度，N/mm；

k_{bb}——螺栓的抗弯刚度，N·mm。

8.5.3 仅考虑螺栓预紧力对栓板单元的轴向刚度产生影响，栓板单元的割线刚度 k_{bs}为：

$$k_{\text{bs}} = \frac{B}{\delta_{\text{b}}} = \frac{\lambda k_{\text{b}}B}{P\ln\left|\frac{1+\lambda}{l + \lambda - \frac{\lambda B}{P}}\right|} \tag{8-4}$$

式中：

B——栓板单元承受轴力，N；

P——螺栓预紧力，N；

l——高强度螺栓的尺寸系数，无预紧力时，l 取 0，有预紧力时，l 的计算公式为：

$$l = 5.7 + 2.95\frac{t}{d} \tag{8-5}$$

式中：

t——翼缘板厚度，mm；

d——螺栓直径，mm。

在螺栓无预紧力时，且不考虑和考虑螺栓抗弯刚度时，栓板单元承受的轴力 B_1 和 B_2 可按下式求得：

$$B_1 = \kappa T \tag{8-6}$$

$$B_2 = \kappa_2 T \tag{8-7}$$

式中：

T——连接承受的外荷载，N，$2T=\frac{2}{3}T_y$，按 EN 1993-1-8 计算得到 T 型连接的承载力 T_y；

κ，κ_2——分别为不考虑和考虑螺栓抗弯刚度时，螺栓承受的轴力与外荷载的比值，其计算方法分别见式（8-2）和式（8-3）。

螺栓有预紧力的 T 型连接的初始刚度计算流程如图 8-1 所示。

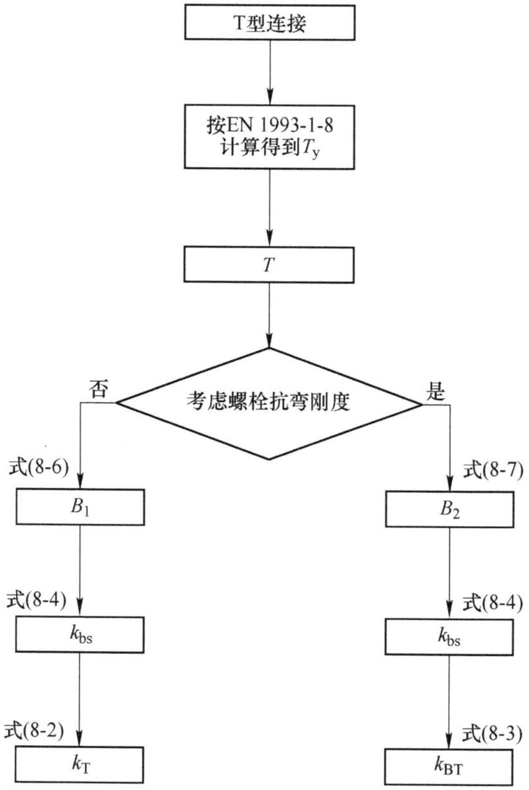

图 8-1　T 型连接初始刚度的计算流程框图

8.5.4　抗震耐蚀耐火高强钢 T 型连接的支座约束位置（撬力作用的位置）：

$$n_0 = \left(\sqrt{1 + \frac{1}{Q_{01}}X} - 1\right)m \tag{8-8}$$

式中：

X——撬力比；

Q_{01}——不考虑螺栓抗弯刚度的撬力与外力 T 的比值；

m——螺栓轴线至翼缘板根部的距离，mm。

$$Q_{01} = \frac{B_{01} - T_{\mathrm{T}}}{T} = \frac{\kappa T - T}{T} = \kappa - 1 \tag{8-9}$$

若连接螺栓轴线至翼缘边缘的实际距离 $n_{\mathrm{r}} \leq n_0$，宜假定支座竖向约束位于翼缘板边 $= n_{\mathrm{r}}$；当 $n_{\mathrm{r}} > n_0$ 时，$n = n_0$。给出先判断撬力作用的位置 T 型连接初始刚度的计算流程框图如图 8-2 所示。

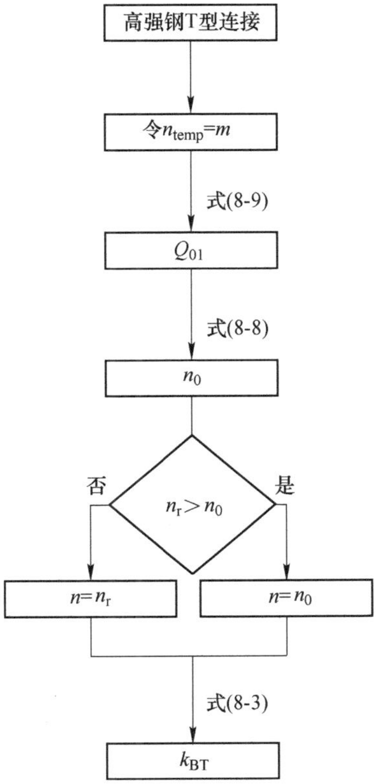

图 8-2　考虑撬力作用的位置 T 型连接初始刚度的计算流程框图

8.6 端板连接节点

8.6.1 对于无横向加劲肋的柱腹板，参考 EN 1993-1-8，抗震耐蚀耐火高强钢柱腹板抗压刚度 $k_{cw,C}$ 的计算方法为：

$$k_{cw,C}=\frac{0.7Eb_{cw,C,eff}t_{cw}}{h_{cw}} \tag{8-10}$$

式中：

h_{cw}——柱腹板的高度，$h_{cw}=h_c-2t_{cf}$，h_c 为柱截面高度，t_{cf} 为柱翼缘厚度，mm；

t_{cw}——柱腹板厚度，mm；

$b_{cw,C,eff}$——柱腹板受压区的有效高度，mm；

E——钢材弹性模量，MPa。

若为热轧型钢柱，其计算方法为：

$$b_{cw,C,eff}=t_{bf}+2t_{ep}+2\sqrt{2}h_{f,ep}+5(t_{cf}+h_{f,cf}) \tag{8-11}$$

若为焊接型钢柱，其计算方法为：

$$b_{cw,C,eff}=t_{bf}+2t_{ep}+2\sqrt{2}h_{f,ep}+5(t_{cf}+r_c) \tag{8-12}$$

式中：

t_{bf}——梁翼缘厚度，mm；

t_{ep}——端板厚度，mm；

$h_{f,ep}$——钢梁与端板连接焊缝的有效高度，mm；

t_{cf}——柱翼缘厚度，mm；

$h_{f,cf}$——柱翼缘与腹板连接焊缝的有效高度，mm；

r_c——柱翼缘根部半径，mm。

对于无横向加劲肋的柱腹板，抗震耐蚀耐火高强钢柱腹板抗压刚度 $k_{cw,C}$ 参考 EN 1993-1-8。

对于有横向加劲肋的柱腹板，抗震耐蚀耐火高强钢柱腹板抗压刚度计算方法为：

$$k_{cw,C}=\frac{E(0.7b_{cw,C,eff}t_{cw}+t_sb_s)}{h_{cw}} \tag{8-13}$$

式中：

t_s——横向加劲肋的厚度，mm；

b_s——横向加劲肋的宽度，mm。

8.6.2 对于无横向加劲肋的柱腹板，抗震耐蚀耐火高强钢柱腹板抗拉刚度 $k_{cw,T}$的计算方法为：

$$k_{cw,T} = \frac{0.7Eb_{cw,T,eff}t_{cw}}{h_{cw}} \tag{8-14}$$

式中：

$b_{cw,T,eff}$——柱腹板受拉区的有效高度，mm。若为热轧型钢柱，其计算方法见式（8-10）；若为焊接型钢柱，其计算方法见式（8-12）。

对于有横向加劲肋的柱腹板，抗震耐蚀耐火高强钢柱腹板抗拉刚度计算方法为：

$$k_{cw,T} = \frac{E(0.7b_{cw,T,eff}t_{cw} + t_sb_s)}{h_{cw}} \tag{8-15}$$

8.6.3 抗震耐蚀耐火高强钢柱腹板抗剪刚度 $k_{cw,v}$的计算方法为：

$$k_{cw,v} = \frac{0.38Eh_{cw}t_{cw}}{h_{bf}} \tag{8-16}$$

式中：

h_{bf}——梁上下翼缘中心间的距离，$h_{bf}=h_b-t_{bf}$，h_b为梁截面高度，t_{bf}为梁翼缘厚度，mm。

8.6.4 采用考虑螺栓抗弯刚度的T型连接初始刚度计算方法计算抗震耐蚀耐火高强钢端板的抗弯刚度，对于螺栓无预紧力的端板连接节点，其端板抗弯刚度 k_{ep}的计算方法为：

$$k_{ep} = \frac{48}{Z_{ep}[1 - \kappa_{ep2}(3\alpha_{ep} - 4\alpha_{ep}^3) - \kappa_{ep1}\kappa_{ep2}(3 - 12\alpha_{ep}^2)]} \tag{8-17}$$

其中：$Z_{ep} = \frac{l_{ep}^3}{EI_{ep}} = \frac{12l_{ep}^3}{El_{eff,ep}t_{ep}^3}$，$l_{ep} = 2(m_{ep} + n_{ep})$，$\alpha_{ep} = \frac{n_{ep}}{l_{ep}}$，$\alpha_{ep1} = \frac{\alpha_{ep}}{8} - \frac{\alpha_{ep}^3}{6}$

$$\alpha_{ep2} = \frac{\alpha_{ep}^2}{2} - \frac{2\alpha_{ep}^3}{3}，\alpha_{ep3} = \frac{\alpha_{ep}}{2} - \alpha_{ep}^2，\alpha_{ep4} = \frac{1}{8} - \frac{\alpha_{ep}^2}{2}，\alpha_{ep5} = \frac{1}{2} - \alpha_{ep}$$

$$\kappa_{\mathrm{ep1}} = \frac{Z_{\mathrm{ep}}\alpha_{\mathrm{ep2}} + \frac{1}{k_{\mathrm{b}}} - Z_{\mathrm{ep}}\frac{\alpha_{\mathrm{ep1}}\alpha_{\mathrm{ep3}}}{\alpha_{\mathrm{ep4}}}}{Z_{\mathrm{ep}}\frac{\alpha_{\mathrm{ep1}}\alpha_{\mathrm{ep5}}}{\alpha_{\mathrm{ep4}}} + \frac{l_{\mathrm{ep}}^2\alpha_{\mathrm{ep1}}}{k_{\mathrm{bb}}\alpha_{\mathrm{ep4}}} - Z_{\mathrm{ep}}\alpha_{\mathrm{ep3}}}\kappa,\quad \kappa_{\mathrm{ep2}} = \frac{Z_{\mathrm{ep}}\alpha_{\mathrm{ep1}}}{Z_{\mathrm{ep}}\alpha_{\mathrm{ep2}} + Z_{\mathrm{ep}}\kappa_{\mathrm{ep1}}\alpha_{\mathrm{ep3}} + \frac{1}{k_{\mathrm{b}}}}$$

式中：

l_{ep}——与端板等效的 T 型连接的连续梁模型的梁长，mm；

I_{ep}——梁模型的截面惯性矩，mm；

t_{ep}——与端板等效的 T 型连接的连续梁模型的梁高，mm；

$l_{\mathrm{eff,ep}}$——梁模型塑性铰线的计算长度，mm，确定方法见 EN 1993-1-8；

m_{ep}——与端板等效的 T 型连接的螺栓轴线至翼缘根部的距离，mm，确定方法见 EN 1993-1-8；

n_{ep}——梁模型中用于模拟螺栓的弹簧至支座约束的距离，mm，由图 8-2 给出的 n 的确定方法计算得到；

k_{b}——螺栓的轴向刚度，N/mm；

k_{bb}——螺栓的抗弯刚度，N/mm。

对于螺栓有预紧力的抗震耐蚀耐火高强钢端板连接节点，需依据图 8-1 的计算流程求得栓板单元的割线刚度 k_{bs}，将 k_{bs} 替代 k_{b} 代入式（8-17）即可求得螺栓有预紧力的端板连接节点的端板抗弯刚度。

8.6.5 对于螺栓无预紧力的抗震耐蚀耐火高强钢端板连接节点，其柱翼缘抗弯刚度 k_{cf} 的计算方法为：

$$k_{\mathrm{cf}} = \frac{48}{Z_{\mathrm{cf}}[1 - \kappa_{\mathrm{cf2}}(3\alpha_{\mathrm{cf}} - 4\alpha_{\mathrm{cf}}^3) - \kappa_{\mathrm{cf1}}\kappa_{\mathrm{cf2}}(3 - 12\alpha_{\mathrm{cf}}^2)]} \tag{8-18}$$

其中：$Z_{\mathrm{cf}} = \dfrac{l_{\mathrm{cf}}^3}{EI_{\mathrm{cf}}} = \dfrac{12l_{\mathrm{cf}}^3}{El_{\mathrm{eff,cf}}t_{\mathrm{cf}}^3}$，$l_{\mathrm{cf}} = 2(m_{\mathrm{cf}} + n_{\mathrm{cf}})$，$\alpha_{\mathrm{cf}} = \dfrac{n_{\mathrm{cf}}}{l_{\mathrm{cf}}}$，$\alpha_{\mathrm{cf1}} = \dfrac{\alpha_{\mathrm{cf}}}{8} - \dfrac{\alpha_{\mathrm{cf}}^3}{6}$

$$\alpha_{\mathrm{cf2}} = \frac{\alpha_{\mathrm{cf}}^2}{2} - \frac{2\alpha_{\mathrm{cf}}^3}{3},\quad \alpha_{\mathrm{cf3}} = \frac{\alpha_{\mathrm{cf}}}{2} - \alpha_{\mathrm{cf}}^2,\quad \alpha_{\mathrm{cf4}} = \frac{1}{8} - \frac{\alpha_{\mathrm{cf}}^2}{2},\quad \alpha_{\mathrm{cf5}} = \frac{1}{2} - \alpha_{\mathrm{cf}}$$

$$\kappa_{\mathrm{cf1}} = \frac{Z_{\mathrm{cf}}\alpha_{\mathrm{cf2}} + \frac{1}{k_{\mathrm{b}}} - Z_{\mathrm{cf}}\frac{\alpha_{\mathrm{cf1}}\alpha_{\mathrm{cf3}}}{\alpha_{\mathrm{cf4}}}}{Z_{\mathrm{cf}}\frac{\alpha_{\mathrm{cf1}}\alpha_{\mathrm{cf5}}}{\alpha_{\mathrm{cf4}}} + \frac{l_{\mathrm{cf}}^2\alpha_{\mathrm{cf1}}}{k_{\mathrm{bb}}\alpha_{\mathrm{cf4}}} - Z_{\mathrm{cf}}\alpha_{\mathrm{cf3}}},\quad \kappa_{\mathrm{cf2}} = \frac{Z_{\mathrm{cf}}\alpha_{\mathrm{cf1}}}{Z_{\mathrm{cf}}\alpha_{\mathrm{cf2}} + Z_{\mathrm{cf}}\kappa_{\mathrm{cf1}}\alpha_{\mathrm{cf3}} + \frac{1}{k_{\mathrm{b}}}}$$

式中：

l_{cf}——与柱翼缘等效的 T 型连接的连续梁模型的梁长，mm；

I_{cf}——梁模型的截面惯性矩，mm^4；

t_{cf}——与柱翼缘等效的 T 型连接的连续梁模型的梁高，mm；

$l_{eff,cf}$——梁模型塑性铰线的计算长度，mm，确定方法见 EN 1993-1-8；

m_{cf}——与柱翼缘等效的 T 型连接的螺栓轴线至翼缘根部的距离，mm，确定方法见 EN 1993-1-8；

n_{cf}——梁模型中用于模拟螺栓的弹簧至支座约束的距离，mm，由图 8-2 给出的 n 的确定方法计算得到；

k_b——螺栓的轴向刚度，N/mm；

k_{bb}——螺栓的抗弯刚度，N/mm。

对于螺栓有预紧力的抗震耐蚀耐火高强钢端板连接节点，需依据图 8-1 流程求得栓板单元的割线刚度 k_{bs}，将 k_{bs}替代 k_b代入式（8-18）即可求得螺栓有预紧力的端板连接节点的柱翼缘抗弯刚度。

8.6.6 由于采用基于连续梁模型推导的 T 型连接初始刚度计算方法计算抗震耐蚀耐火高强钢端板和柱翼缘的抗弯刚度，故计算得到的端板和柱翼缘抗弯刚度中，已包含螺栓的抗拉刚度，因此，无需单独计算螺栓的抗拉刚度。

8.6.7 对于无横向加劲肋的抗震耐蚀耐火高强钢柱腹板，其抗压极限承载力 $F_{cw,C,u}$的计算式为：

$$F_{cw,C,u} = f_u b_{cw,C,eff} t_{cw} \tag{8-19}$$

对于有横向加劲肋的抗震耐蚀耐火高强钢柱腹板，其抗压极限承载力 $F_{cw,C,u}$的计算方法为：

$$F_{cw,C,u} = f_u b_{cw,C,eff} t_{cw} + f_{us} t_s b_s \tag{8-20}$$

式中：

f_u——节点采用钢材的抗拉强度，MPa；

f_{us}——加劲肋所采用钢材的抗拉强度，MPa；

$b_{cw,C,eff}$——柱腹板受压区的有效高度，mm，计算方法见式（8-10）和式（8-11）。

8.6.8 对于无横向加劲肋的抗震耐蚀耐火高强钢柱腹板，其抗拉极限承载力 $F_{cw,T,u}$的计算方法为：

$$F_{cw,T,u} = f_u b_{cw,T,eff} t_{cw} \tag{8-21}$$

对于有横向加劲肋的抗震耐蚀耐火高强钢柱腹板，其抗拉极限承载力 $F_{cw,T,u}$ 的计算方法为：

$$F_{cw,T,u} = f_u b_{cw,T,eff} t_{cw} + f_{us} t_s b_s \tag{8-22}$$

式中：

$b_{cw,T,eff}$——为柱腹板受拉区的有效高度，mm，计算方法见式（8-10）和式（8-11）。

8.6.9 抗震耐蚀耐火高强钢柱腹板抗剪极限承载力 $F_{cw,v,u}$ 的计算方法为：

$$F_{cw,v,u} = \frac{f_u}{\sqrt{3}} h_{cw} t_{cw} \tag{8-23}$$

式中：

h_{cw}——柱腹板的高度，$h_{cw} = h_c - 2t_{cf}$，h_c 为柱截面高度，t_{cf} 为柱翼缘厚度，mm；

t_{cw}——柱腹板厚度，mm。

8.6.10 根据 EN 1993-1-8，节点受拉区端板对应失效模式 1 和失效模式 2 的抗震耐蚀耐火高强钢端板抗弯承载力 $T_{ep,y,f1}$ 和 $T_{ep,y,f2}$ 的计算方法为：

$$T_{ep,y,f1} = \frac{4M_{p,ep}}{m_{ep}} \tag{8-24}$$

$$T_{ep,y,f2} = \frac{2M_{p,ep} + n_{ep,r} \sum B_y}{m_{ep} + n_{ep,r}} \tag{8-25}$$

$$M_{p,ep} = \frac{l_{eff,ep} t_{ep}^2 f_{y,ep}}{4} \tag{8-26}$$

$$B_y = f_{by} A_s \tag{8-27}$$

式中：

$M_{p,ep}$——端板的全截面塑性抗弯承载力，N · mm；

f_{by}——螺栓钢材屈服强度，MPa；

$f_{y,ep}$——端板钢材屈服强度，MPa；

A_s——螺栓的净截面面积，mm²；

$l_{eff,ep}$——塑性铰线的计算长度，mm，确定方法见 EN 1993-1-8；

m_{ep}，$n_{ep,r}$——与端板等效的 T 型连接的螺栓轴线至翼缘根部的距离和螺栓轴线至翼缘边缘的距离，mm，确定方法见 EN 1993-1-8。

其抗弯承载力 $T_{ep,y}$ 取 $T_{ep,y,f1}$ 和 $T_{ep,y,f2}$ 中的较小值，即：

$$T_{ep,y} = \min(T_{ep,y,f1}, T_{ep,y,f2}) \tag{8-28}$$

若考虑螺栓头与端板接触面之间的均布面应力对节点承载能力的影响，则节点受拉区端板对应失效模式 1 的抗弯承载力为：

$$T_{ep,y,f1} = \frac{32n_{ep,r} - 2d_w}{8m_{ep}n_{ep,r} - d_w(m_{ep} + n_{ep,r})}M_{p,ep} \tag{8-29}$$

式中：

d_w——螺栓垫片的直径，mm。

Piluso 等基于材料的真实应力-应变本构关系（图 8-3）和节点受拉区端板抗弯承载力的计算方法，提出端板对应失效模式 1 和失效模式 2 的抗弯极限承载力 $T_{ep,u,f1}$ 和 $T_{ep,u,f2}$ 的计算方法：

$$T_{ep,u,f1} = \frac{4M_{u,ep}}{m_{ep}} \quad 或 \quad T_{ep,u,f1} = \frac{32n_{ep,r} - 2d_w}{8m_{ep}n_{ep,r} - d_w(m_{ep} + n_{ep,r})}M_{u,ep} \tag{8-30}$$

$$T_{ep,u,f2} = \frac{2M_{u,ep} + n_{ep,r}\sum B_u}{m_{ep} + n_{ep,r}} \tag{8-31}$$

$$M_{u,ep} = \frac{\xi l_{eff,ep}t_{ep}^2 f_y}{6} \tag{8-32}$$

$$B_u = \frac{B_y}{0.9} = \frac{f_{by}A_s}{0.9} \tag{8-33}$$

$$\xi = \frac{1}{2}\left[3 - \left(\frac{\varepsilon_p}{\varepsilon_t}\right)^2\right] + \frac{1}{2}\frac{E_y}{E}\frac{\varepsilon_t - \varepsilon_y}{\varepsilon_p}\left(1 - \frac{\varepsilon_y}{\varepsilon_t}\right)\left(2 + \frac{\varepsilon_y}{\varepsilon_t}\right) - \frac{1}{2}\frac{E_y - E_t}{E}\frac{\varepsilon_t - \varepsilon_s}{\varepsilon_p}\left(1 - \frac{\varepsilon_s}{\varepsilon_t}\right)\left(2 + \frac{\varepsilon_s}{\varepsilon_t}\right) \tag{8-34}$$

式中：

$M_{u,ep}$——端板的极限抗弯承载力，N · mm。

式（8-34）中各应变及弹性模量的取值参考图 8-3。

其抗弯极限承载力 $T_{ep,u}$ 取 $T_{ep,u,f1}$ 和 $T_{ep,u,f2}$ 中的较小值，即：

$$T_{ep,u} = \min(T_{ep,u,f1}, T_{ep,u,f2}) \tag{8-35}$$

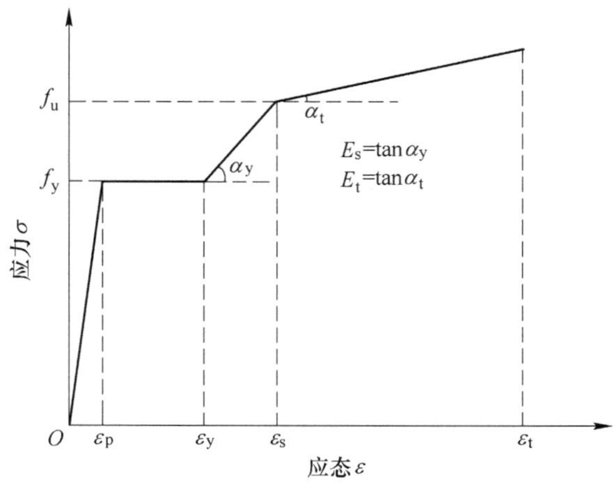

图 8-3　材料的真实应力-应变曲线

8.6.11　抗震耐蚀耐火高强钢柱翼缘抗弯极限承载力 $T_{cf,u}$:

$$T_{cf,u,f1}=\frac{4M_{u,cf}}{m_{cf}}\quad 或\quad T_{cf,u,f1}=\frac{32n_{cf,r}-2d_w}{8m_{cf}n_{cf,r}-d_w(m_{cf}+n_{cf,r})}M_{u,cf} \tag{8-36}$$

$$T_{cf,u,f2}=\frac{2M_{u,cf}+n_{cf,r}\sum B_u}{m_{cf}+n_{cf,r}} \tag{8-37}$$

$$M_{u,cf}=\frac{\xi l_{eff,cf}t_{cf}^2 f_{y,cf}}{6} \tag{8-38}$$

$$T_{cf,u}=\min(T_{cf,u,f1},T_{cf,u,f2}) \tag{8-39}$$

式中:

$M_{u,cf}$——柱翼缘的极限抗弯承载力，N · mm;

$f_{y,cf}$——柱翼缘钢材屈服强度，MPa;

$l_{eff,cf}$——塑性铰线的计算长度，mm，确定方法见 EN 1993-1-8;

m_{cf}, $n_{cf,r}$——分别为与柱翼缘等效的 T 型连接的螺栓轴线至翼缘根部的距离和螺栓轴线至翼缘边缘的距离，mm，确定方法见 EN 1993-1-8。

8.6.12　抗震耐蚀耐火高强钢螺栓抗拉极限承载力 B_u 见式（8-33）。

9 耐火验算

9.1 基本规定

9.1.1 460 钢、690 钢结构应按结构耐火承载力极限状态进行耐火验算和防火设计。

9.1.2 460 钢、690 钢结构的防火设计方法、火灾温度计算、防火保护措施与构造可参考国家标准《建筑钢结构防火技术规范》(GB 51249—2017) 的相关规定执行。

9.1.3 460 钢、690 钢结构构件的耐火验算和方法设计，可采用耐火极限法、承载力法或临界温度法；其中耐火极限法确定构件的实际耐火极限可按《建筑钢结构防火技术规范》(GB 51249—2017) 及其他相关国家标准通过试验测定。

9.2 轴心受力构件

9.2.1 火灾下抗震耐蚀耐火钢轴心受力构件的截面强度验算，采用承载力法时应按下列公式计算：

$$\frac{N}{A_{\mathrm{n}}} \leqslant \eta_{0.2} f \tag{9-1}$$

式中：

$\eta_{0.2}$——钢材高温下强度设计值的折减系数，按本指南 4.5 节规定确定。

9.2.2 火灾下抗震耐蚀耐火钢轴心受拉构件的临界温度确定方法，可按《建筑钢结构防火技术规范》(GB 51249—2017) 相关规定执行。

9.2.3 火灾下抗震耐蚀耐火钢轴心受压构件的稳定性验算，采用承载力法时应按下列公式验算：

$$\frac{N}{\varphi_{\mathrm{T}}A} \leqslant \eta'_{0.2} f \tag{9-2}$$

$$\varphi_{\mathrm{T}} = \frac{1}{2\lambda_{\mathrm{n}}^{2}\dfrac{\eta_{0.2}}{\eta_{\mathrm{E}}}}\left[\alpha_2 + \alpha_3\lambda_{\mathrm{n}} + \lambda_{\mathrm{n}}^{2}\frac{\eta_{0.2}}{\eta_{\mathrm{E}}} - \sqrt{\left(\alpha_2 + \alpha_3\lambda_{\mathrm{n}} + \lambda_{\mathrm{n}}^{2}\frac{\eta_{0.2}}{\eta_{\mathrm{E}}}\right)^2 - 4\lambda_{\mathrm{n}}^{2}\frac{\eta_{0.2}}{\eta_{\mathrm{E}}}}\right] \tag{9-3}$$

式中：

φ_{T}——高温下轴心受压钢构件的稳定系数；

A——毛截面面积，mm^2；

η_{E}——钢材高温下弹性模量的折减系数，按本指南 4.5 节规定确定。

引入 460 MPa、690 MPa 抗震耐蚀耐火钢高温下的材料力学性能指标后，得到了该类轴心受压构件在火灾下的稳定验算参数，具体数值如表 9-1 和表 9-2 所示。

表 9-1　460 钢轴心受压构件在火灾下稳定验算参数

温度/℃	$\lambda(f_y/235)^{0.5}$					
	≤10	50	100	150	200	250
50	1.000	1.000	1.000	1.000	1.000	1.000
100	1.000	1.003	1.010	1.011	1.012	1.012
150	1.000	1.003	1.011	1.012	1.013	1.013
200	1.000	1.003	1.009	1.010	1.011	1.011
250	1.000	1.001	1.005	1.006	1.006	1.006
300	1.000	1.000	0.999	0.999	0.999	0.999
350	1.000	0.998	0.992	0.991	0.990	0.990
400	1.000	0.995	0.984	0.982	0.981	0.981
450	1.000	0.994	0.978	0.975	0.973	0.973
500	1.000	0.993	0.976	0.973	0.972	0.971
550	1.000	0.996	0.987	0.985	0.984	0.984
600	1.000	1.006	1.020	1.023	1.024	1.025
650	1.000	1.045	1.192	1.234	1.249	1.257
700	1.000	1.071	1.346	1.443	1.479	1.498

续表 9-1

温度/℃	$\lambda(f_y/235)^{0.5}$					
	≤10	50	100	150	200	250
750	1.000	1.089	1.482	1.651	1.716	1.750
800	1.000	1.103	1.602	1.859	1.963	2.018

表 9-2 690 钢轴心受压构件在火灾下稳定验算参数

温度/℃	$\lambda(f_y/235)^{0.5}$					
	≤10	50	100	150	200	250
50	1.000	1.000	1.000	1.000	1.000	1.000
100	1.000	1.004	1.010	1.012	1.012	1.012
150	1.000	1.004	1.011	1.013	1.013	1.013
200	1.000	1.004	1.009	1.011	1.011	1.011
250	1.000	1.002	1.005	1.006	1.006	1.006
300	1.000	1.000	0.999	0.999	0.999	0.999
350	1.000	0.997	0.992	0.991	0.990	0.990
400	1.000	0.994	0.983	0.982	0.981	0.980
450	1.000	0.991	0.977	0.974	0.973	0.973
500	1.000	0.990	0.975	0.972	0.971	0.971
550	1.000	0.995	0.986	0.985	0.984	0.984
600	1.000	1.008	1.021	1.024	1.025	1.025
650	1.000	1.065	1.207	1.241	1.253	1.260
700	1.000	1.102	1.380	1.459	1.489	1.505
750	1.000	1.129	1.539	1.679	1.734	1.763
800	1.000	1.149	1.686	1.904	1.992	2.039

9.2.4 火灾下抗震耐蚀耐火钢轴心受压构件的稳定性验算，采用临界温度法时，临界温度 T_d，应取以下两个临界温度 T'_d、T''_d 中的较小者：

（1）临界温度 T'_d根据截面强度荷载比 R（两者关系见表 9-3，参考《建筑钢结构防火技术规范》（GB 51249—2017）），可按下列公式计算：

$$R = \frac{N}{A_n f} \tag{9-4}$$

$$R = \eta_{0.2} \tag{9-5}$$

（2）临界温度 T''_d 的计算：

对于 460 钢轴心受压构件，可按下列公式计算：

$$T''_d = 37.17\ln\left(\frac{1}{R^{4.107}} - 1\right) + 551 \tag{9-6}$$

对于 690 钢轴心受压构件，可按下列公式计算：

$$T''_d = 159.34\ln\left(\frac{1}{0.997R^{0.044}} - 1\right) + 1251 \tag{9-7}$$

表 9-3　按截面强度荷载比 R 确定的钢构件的临界温度 T'_d　（℃）

R	0.30	0.35	0.40	0.45	0.50	0.55	0.60	0.65	0.70	0.75	0.80	0.85	0.90
结构钢构件	663	641	621	601	581	562	542	523	502	481	459	435	407
耐火钢构件	718	706	694	679	661	641	618	590	557	517	466	401	313

9.3 受弯构件

9.3.1 火灾下单轴受弯钢构件的强度，采用承载力法时应按下列公式计算：

$$\frac{M}{\gamma W_n} \leqslant \eta_{0.2} f \tag{9-8}$$

式中：

M——火灾下构件的最不利截面处的弯矩设计值，N · mm；

W_n——钢构件最不利截面的净截面模量，mm^3；

γ——截面塑性发展系数。

9.3.2 火灾下单轴受弯钢构件的稳定性应按下列公式验算：

$$\frac{M}{\varphi W} \leqslant 0.85\,\eta_{0.2} f \tag{9-9}$$

式中：

φ——常温下轴心受压钢构件的稳定系数，应按现行国家标准《钢结构设计标准》（GB 50017—2017）的规定确定；

9.3.3 火灾下拉弯或压弯钢构件的强度应按下式验算：

$$\frac{N}{A_n} \pm \frac{M_x}{\gamma_x W_{nx}} \pm \frac{M_y}{\gamma_y W_{ny}} \leqslant \eta_{0.2} f \tag{9-10}$$

式中：

M_x，M_y——火灾下最不利截面处对应于强轴 x 轴和弱轴 y 轴的弯矩设计值，N·mm；

W_{nx}，W_{ny}——绕 x 轴和 y 轴的净截面模量，mm^3；

γ_x，γ_y——绕强轴和弱轴弯曲的截面塑性发展系数。

9.3.4 火灾下压弯钢构件绕强轴 x 轴弯曲和绕弱轴 y 轴弯曲时的稳定性应分别按下列公式验算：

$$\frac{N}{\varphi_{xT}A}+\frac{\beta_{mx}M_x}{\gamma_x W_x(1-0.8N/N'_{ExT})}+\frac{\eta\beta_{ty}M_y}{\varphi_{byT}W_y}\leqslant 0.85\eta_{0.2}f \tag{9-11}$$

$$\frac{N}{\varphi_{yT}A}+\frac{\beta_{my}M_y}{\gamma_y W_y(1-0.8N/N'_{EyT})}+\frac{\eta\beta_{tx}M_x}{\varphi_{bxT}W_x}\leqslant 0.85\eta_{0.2}f \tag{9-12}$$

$$N'_{ExT}=\frac{\pi^2 E_{sT}A}{1.1\lambda_x^2} \tag{9-13}$$

$$N'_{EyT}=\frac{\pi^2 E_{sT}A}{1.1\lambda_y^2} \tag{9-14}$$

式中：

N——火灾下钢构件的轴向压力设计值，N；

β_{mx}，β_{my}——弯矩平面内的等效弯矩系数，按照《建筑钢结构防火技术规范》（GB 51249—2017）的相关规定采用；

M_x，M_y——火灾下所计算钢构件段范围内对强轴和弱轴的最大弯矩设计值，N·mm；

η——截面影响系数，对于闭口截面，取 0.7；对于其他截面，取 1.0；

φ_{xT}，φ_{yT}——高温下轴心受压钢构件对应于强轴和弱轴失稳的稳定系数，应按本指南式（9-3）计算；

A——毛截面面积，mm^2。

$$h_{eq}=\frac{\sum_{i=1}^{2}k_{TS,i}h_i^2}{\sum_{i=1}^{2}k_{TS,i}h_i} \tag{9-15}$$

$$k_{eq}=\frac{\sum_{i=1}^{2}k_{TS,i}h_i}{h_{eq}}=\frac{\left(\sum_{i=1}^{2}k_{TS,i}h_i\right)^2}{\sum_{i=1}^{2}k_{TS,i}h_i^2} \tag{9-16}$$

$$k_{TS,i}=\frac{1}{\frac{1}{k_{ep,i}}+\frac{1}{k_{cf,i}}+\frac{1}{k_{cw,T,i}}} \tag{9-17}$$

式中：

$k_{ep,i}$——第 i 排螺栓处的端板抗弯刚度，N/mm；

$k_{cf,i}$——第 i 排螺栓处的柱翼缘抗弯刚度，N/mm；

$k_{cw,T,i}$——第 i 排螺栓处的柱腹板抗拉刚度，N/mm。

9.4　高强钢端板连接节点

9.4.1　在常温下、火灾下及火灾后抗震耐蚀耐火高强钢端板连接节点的节点初始刚度 k_{ini} 为：

$$k_{ini}=\frac{M}{\theta}=\frac{h_{eq}^2}{\frac{1}{k_{eq}}+\frac{1}{k_{cw,C}}+\frac{1}{k_{cw,v}}} \tag{9-18}$$

式中：

h_{eq}——等效抗拉弹簧距梁下翼缘中面的距离，mm；

k_{eq}——等效抗拉弹簧的刚度，N/mm；

$k_{cw,C}$——柱腹板抗压刚度，N/mm；

$k_{cw,v}$——柱腹板抗剪刚度，N/mm。

$$k_{eq}=\frac{\sum_{i=1}^{2}k_{TS,i}h_i}{h_{eq}}=\frac{\left(\sum_{i=1}^{2}k_{TS,i}h_i\right)^2}{\sum_{i=1}^{2}k_{TS,i}h_i^2} \tag{9-19}$$

其中：

$$k_{TS,i}=\frac{1}{\frac{1}{k_{ep,i}}+\frac{1}{k_{cf,i}}+\frac{1}{k_{cw,T,i}}}$$

式中：

$k_{ep,i}$——第 i 排螺栓处的端板抗弯刚度，N/mm；

$k_{cf,i}$——第 i 排螺栓处的柱翼缘抗弯刚度，N/mm；

$k_{cw,T,i}$——第 i 排螺栓处的柱腹板抗拉刚，N/mm；

h_i——第 i 排螺栓的螺栓轴线至梁下翼缘中面的距离，mm。

9.4.2 在常温下、火灾下及火灾后抗震耐蚀耐火高强钢端板连接节点的节点抗弯极限承载力 M_{max} 取 $M_{max,T}$、$M_{max,C}$ 及 $M_{max,v}$ 中的最小值，即：

$$M_{max} = \min(M_{max,T},\ M_{max,C},\ M_{max,v}) \tag{9-20}$$

$$M_{max,T} = \min\left(F_{cw,T,u}h_{bf},\ \sum_{i=1}^{2} F_{u,T,i}h_i\right) \tag{9-21}$$

$$M_{max,C} = F_{cw,C,u}h_{bf} \tag{9-22}$$

$$M_{max,v} = F_{cw,v,u}h_{bf} \tag{9-23}$$

式中：

$M_{max,T}$——节点的失效模式为节点受拉区破坏时的抗弯极限承载力，N·mm；

$M_{max,C}$——节点的失效模式为节点受压区破坏时的抗弯极限承载力，N·mm；

$M_{max,v}$——节点的失效模式为节点受剪区破坏时的抗弯极限承载力，N·mm；

$F_{cw,T,u}$——柱腹板抗拉极限承载力，N；

$F_{cw,C,u}$——柱腹板抗压极限承载力，N；

$F_{cw,v,u}$——柱腹板抗剪极限承载力，N；

$F_{u,T,i}$——各排螺栓处的抗拉极限承载力，N。

对于常用的梁受拉翼缘上、下各一排螺栓的端板连接节点，各排螺栓处的抗拉极限承载力 $F_{u,T,i}$ 为：

$$F_{u,T,i} = \min(T_{ep,u,i},T_{cf,u,i},2B_{u,i}) \tag{9-24}$$

式中：

$T_{ep,u,i}$——第 i 排螺栓处的端板抗弯极限承载力，N；

$T_{cf,u,i}$——第 i 排螺栓处的柱翼缘抗弯极限承载力，N；

$2B_{u,i}$——第 i 排螺栓处的螺栓抗拉极限承载力，N。

节点受拉区的极限承载力 $F_{u,T}$ 为：

$$F_{u,T} = \min\left(F_{cw,T,u},\ \sum_{i=1}^{2} F_{u,T,i}\right) \tag{9-25}$$

节点受压区的极限承载力 $F_{u,C}$ 为：

$$F_{u,C} = F_{cw,C,u} \tag{9-26}$$

节点受剪区的极限承载力 $F_{u,v}$ 为：

$$F_{u,v} = F_{cw,v,u} \tag{9-27}$$

试件信息见表 9-4。采用第 8 章初始刚度 k_{ini} 和抗弯极限承载力 M_{max} 的计算方法，计算得到本指南试验试件的初始刚度 k_{ini} 和抗弯极限承载力 M_{max} 的计算值 $k_{ini,cal}$ 和 $M_{max,cal}$，见表 9-5。表 9-5 也列出节点初始刚度 k_{ini} 和抗弯极限承载力 M_{max} 的试验值 $k_{ini,ep}$ 和 $M_{max,ep}$，及采用 EN 1993-1-8 计算得到的节点的初始刚度 $k_{ini,EN}$。

表 9-4　试件信息

试件编号	试验环境	梁/mm×mm×mm	柱/mm×mm×mm
Q690A1	20 ℃	H300×180×10×12	H340×200×10×12
Q690A2		H300×180×10×12	H340×200×10×12
Q960A1		H250×180×10×12	H300×200×10×12
Q690A1	550 ℃	H300×180×10×12	H340×200×10×12
Q690A2		H300×180×10×12	H340×200×10×12
Q960A1		H250×180×10×12	H300×200×10×12
Q690A1	550 ℃后冷却至常温	H300×180×10×12	H340×200×10×12
Q690A2		H300×180×10×12	H340×200×10×12
Q960A1		H250×180×10×12	H300×200×10×12

表 9-5　试件的 k_{ini} 和 M_{max} 的试验和计算结果

编号	M_{max}/kN · m			k_{ini}/N · mm^{-1}				
	试验值 $M_{max,ep}$	计算值 $M_{max,cal}$	$M_{max,ep}/M_{max,cal}$	试验值 $k_{ini,ep}$	计算值 $k_{ini,EN}$	计算值 $k_{ini,cal}$	$k_{ini,ep}/k_{ini,EN}$	$k_{ini,ep}/k_{ini,cal}$
Q690A1	406. 32	346. 79	1. 17	20439	34271	27608	0. 60	0. 74
Q690A2	394. 98		1. 14	22142			0. 65	0. 80

续表 9-4

<table>
<tr><th rowspan="2">编号</th><th colspan="3">M_{max}/kN · m</th><th colspan="5">k_{ini}/N · mm^{-1}</th></tr>
<tr><th>试验值 $M_{max,ep}$</th><th>计算值 $M_{max,cal}$</th><th>$M_{max,ep}$/ $M_{max,cal}$</th><th>试验值 $k_{ini,ep}$</th><th>计算值 $k_{ini,EN}$</th><th>计算值 $k_{ini,cal}$</th><th>$k_{ini,ep}$/ $k_{ini,EN}$</th><th>$k_{ini,ep}$/ $k_{ini,cal}$</th></tr>
<tr><td>Q960A1</td><td>332. 70</td><td>329. 22</td><td>1. 01</td><td>15201</td><td>24526</td><td>19480</td><td>0. 62</td><td>0. 78</td></tr>
<tr><td>Q690F1</td><td>207. 39</td><td>161. 63</td><td>1. 28</td><td>12121</td><td>17733</td><td>13463</td><td>0. 68</td><td>0. 90</td></tr>
<tr><td>Q960F1</td><td>148. 73</td><td rowspan="2">147. 18</td><td>1. 01</td><td>10344</td><td rowspan="2">12414</td><td rowspan="2">9310</td><td>0. 83</td><td>1. 11</td></tr>
<tr><td>Q960F2</td><td>152. 44</td><td>1. 04</td><td>9375</td><td>0. 76</td><td>1. 01</td></tr>
<tr><td>Q690P1</td><td>385. 10</td><td rowspan="2">310. 96</td><td>1. 24</td><td>17484</td><td rowspan="2">34253</td><td rowspan="2">27056</td><td>0. 51</td><td>0. 65</td></tr>
<tr><td>Q690P2</td><td>387. 56</td><td>1. 25</td><td>18632</td><td>0. 54</td><td>0. 69</td></tr>
<tr><td>Q960P1</td><td>321. 79</td><td rowspan="2">307. 35</td><td>1. 05</td><td>12695</td><td rowspan="2">24135</td><td rowspan="2">18820</td><td>0. 53</td><td>0. 67</td></tr>
<tr><td>Q960P2</td><td>311. 46</td><td>1. 01</td><td>13209</td><td>0. 55</td><td>0. 70</td></tr>
</table>

第 8 章提出的节点初始刚度 k_{ini} 和抗弯极限承载力 M_{max} 的计算方法能够较为准确地预测高强钢端板连接节点在常温、火灾下及火灾后的力学行为。

9. 4. 3 在常温下、火灾下及火灾后抗震耐蚀耐火高强钢端板连接节点的屈服后刚度 k_p：

$$k_p = 0.02k_{ini} \tag{9-28}$$

9. 4. 4 形状参数 c 对弯矩计算结果的影响较小，可忽略，即 $c=0$。

9. 4. 5 在火灾下，对于设置了柱横向加劲肋的端部连接节点，柱腹板的抗压、抗拉等其他组件的承载力能满足要求，并且能保证柱翼缘和端板不发生相对滑移，就直接围绕螺栓这一火灾下的薄弱组件通过简单的抗拉设计来保证节点的承载能力。

9. 4. 6 火灾下高强钢端板连接节点设计，首先应该验算柱翼缘和端板之间的抗剪承载力：

$$F_{v,T} = \mu F_c \tag{9-29}$$

$$F_c = 0.5T + M/h_{bf} \tag{9-30}$$

$$F_{v,T} \leqslant A_v f_{v,T} = A_v f_{y,T}/\sqrt{3} \tag{9-31}$$

式中：

$F_{v,T}$——T(℃) 时柱翼缘与端板之间的抗滑移承载力，N；

μ——摩擦系数；

F_c——柱翼缘与端板之间的压力，N；

T——梁轴力，N；

M——节点弯矩，N · mm；

h_{bf}——梁上下翼缘中心的距离，mm；

$f_{v,T}$——T(℃) 时柱翼缘与端板之间的抗剪强度，MPa；

A_v——柱翼缘与端板之间的压力接触面积，mm²，近似认为受压区第三排螺栓中心以下均为受压面积，如图 9-1 阴影部分所示。

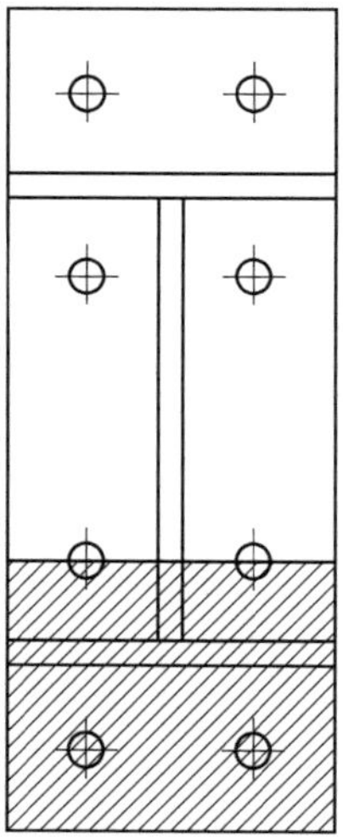

图 9-1　A_v的计算方法示意图

当式（9-31）不满足要求时，柱翼缘和端板会发生相对滑移。节点形成塑性铰时，柱翼缘和端板也有可能脱开导致摩擦不足。以上情况发生时，节点的薄弱组件螺栓将处于拉剪复合作用状态，在计算节点承载力时，就要对螺栓的抗拉强度进行折减，具体折减系数 γ 为：

$$\gamma = \sqrt{1 - \left(\frac{N_v}{N_{v,T}^b}\right)^2} \tag{9-32}$$

式中：

N_v——螺栓承受的剪力，N；

$N_{v,T}^b$——火灾温度为 T(℃) 时螺栓的抗剪承载力设计值，N。

对于无柱横向加劲肋，或是存在其他薄弱组件环节的节点，需要根据欧洲钢结构设计规范《European committee for standardization. Eurocode 3-design of steel structures-part 1-8：design of joints》(EN 1993-1-8)，或是我国《端板式半刚性连接钢结构技术规程》(CECS 260—2009) 规定，对其他组件进行承载力验算。

在对火灾下附加轴力作用的高强钢端板连接节点进行设计时，可以参考图 9-2 的设计流程。

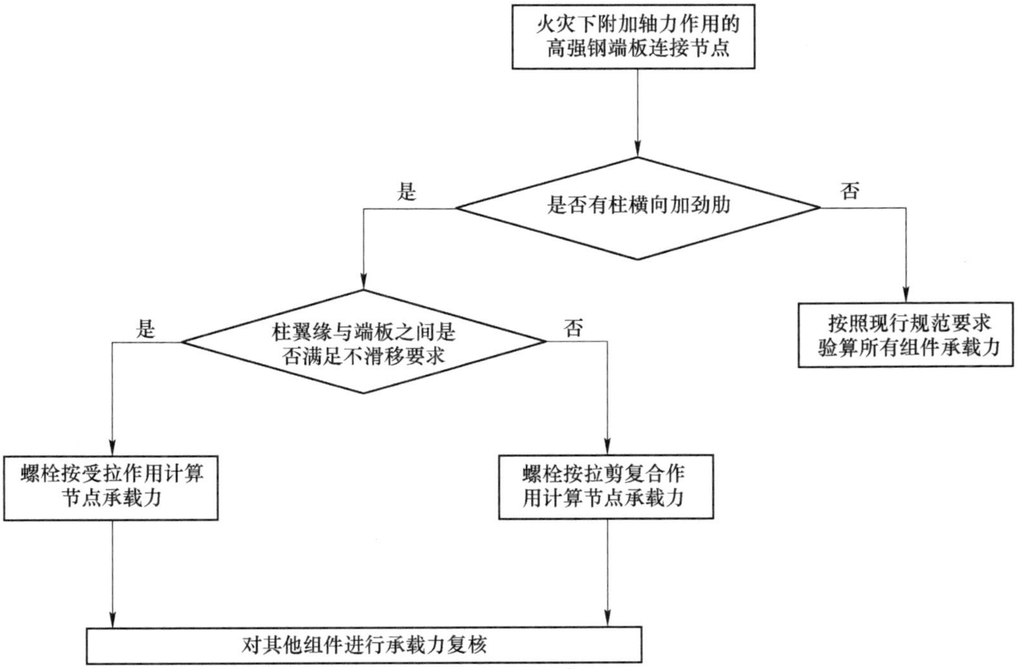

图 9-2 节点抗火设计流程图

9.5 高强钢 T 型连接

抗震耐蚀耐火钢高强钢 T 型连接的承载力取三种破坏模式计算的最小值：

$$F_{\mathrm{T,Rd}} = \min(F_{\mathrm{T,1,Rd}}, F_{\mathrm{T,2,Rd}}, F_{\mathrm{T,3,Rd}}) \tag{9-33}$$

破坏模式 1：T 型连接翼缘完全屈服，即翼缘根部焊缝和螺栓均发生屈服。

在无螺栓垫片的情况下，其抗拉承载力的计算公式为：

$$F_{\mathrm{T,1,Rd}} = \frac{4M_{\mathrm{pl,1,Rd}}}{m} \tag{9-34}$$

在有螺栓垫片的情况下，其抗拉承载力的计算公式为：

$$F_{\mathrm{T,1,Rd}} = \frac{4M_{\mathrm{pl,1,Rd}} + 2M_{\mathrm{bp,Rd}}}{m} \tag{9-35}$$

$$M_{\mathrm{pl,1,Rd}} = 0.25\Sigma l_{\mathrm{eff,1}} t_{\mathrm{f}}^2 f_{\mathrm{y}} / \gamma_{\mathrm{M0}} \tag{9-36}$$

$$M_{\mathrm{bp,Rd}} = 0.25\Sigma l_{\mathrm{eff,1}} t_{\mathrm{bp}}^2 f_{\mathrm{y,bp}} / \gamma_{\mathrm{M0}} \tag{9-37}$$

式中：

γ_{M0}——抗力分项系数，取 $\gamma_{\mathrm{M0}} = 1.0$；

$l_{\mathrm{eff,1}}$——翼缘塑性绞线的有效长度，mm；

t_{f}——翼缘厚度，mm；

t_{bp}——垫片厚度，mm；

f_{y}——翼缘钢材屈服强度，mm；

$f_{\mathrm{y,bp}}$——垫片钢材屈服强度，MPa；

m——螺栓到翼缘根部焊缝的距离，mm。

欧标钢结构设计手册 SCI 中给出了不同屈服模式下翼缘塑性绞线的有效长度的计算方法，见图 9-3，$l_{\mathrm{eff,1}}$取 $l_{\mathrm{eff,cp}}$及 $l_{\mathrm{eff,nc}}$两者较小值。

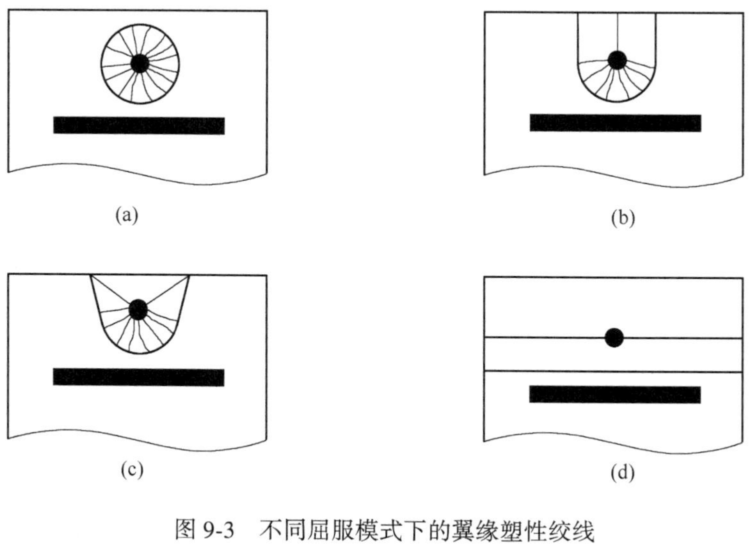

图 9-3　不同屈服模式下的翼缘塑性绞线

（a）圆形螺栓孔屈服；（b）圆形边界屈服；（c）非圆形边界屈服；（d）非圆形双线屈服

对于圆形塑性绞线 $l_{eff,cp}$，圆形螺栓孔屈服形式的塑性绞线（图 9-3（a））$l_{eff,cp}=2\pi m$；圆形边界屈服形式的塑性绞线（图 9-3（b））$l_{eff,cp}=\pi m+2n$，其中 n 为螺栓到翼缘边距的距离。

对于非圆形塑性绞线 $l_{eff,nc}$，非圆形边界屈服形式的塑性绞线（图 9-6（c））$l_{eff,nc}=4m+1.25n$；非圆形双线屈服形式的塑性绞线（图 9-3（d））$l_{eff,nc}=b$，其中 b 为翼缘宽度。

破坏模式 2：T 型连接翼缘屈服的同时螺栓拉断失效，即翼缘根部焊缝屈服，螺栓达到极限承载力。

其抗拉承载力的计算公式为：

$$F_{T,2,Rd}=\frac{2M_{pl,2,Rd}+n\Sigma F_{t,Rd}}{m+n} \tag{9-38}$$

$$M_{pl,2,Rd}=0.25\Sigma l_{eff,2}t_f^2 f_y/\gamma_{M0} \tag{9-39}$$

式中：

$l_{eff,2}$——取图 9-3（d）的非圆形双线屈服塑性绞线 $l_{eff,nc}$，mm；

$\Sigma F_{t,Rd}$——T 型连接所有螺栓抗拉承载力之和，N。

破坏模式 3：仅螺栓拉断失效，T 型连接没有形成塑性绞线。

其抗拉承载力的计算公式为：

$$F_{T,3,Rd}=\Sigma F_{t,Rd} \tag{9-40}$$

$$F_{t,Rd}=\frac{k_1 f_{ub}A_s}{\gamma_{M1}} \tag{9-41}$$

式中：

k_1——分项系数，取 $k_1=0.9$；

γ_{M1}——分项系数，取 $\gamma_{M1}=1.25$；

f_{ub}——螺栓的极限抗拉承载力，MPa；

A_s——螺栓的截面有效面积，mm^2。

9.6 高强度螺栓连接

9.6.1 抗震耐蚀耐火钢高强度螺栓连接在常温至火灾高温 350 ℃时可按摩擦型连接进行设计，当火灾下高强度螺栓连接的温度大于 350 ℃时应按承压型螺栓连接进行设计。

9.6.2 火灾下抗震耐蚀耐火钢摩擦型高强度螺栓连接的抗剪承载力可按下列公式计算：

$$N_{v,T}^{b}=0.9kn_f\mu_T P_T,\ 20\ ℃\leqslant T\leqslant 350\ ℃ \tag{9-42}$$

$$P_T=\eta_P P \tag{9-43}$$

$$\mu_T=\eta_\mu \mu \tag{9-44}$$

$$\eta_P=\begin{cases}1.0, & 20\ ℃\leqslant T\leqslant 350\ ℃\\ \eta_E, & 350\ ℃ < T\leqslant 650\ ℃\\ \text{线性插值}, & 650\ ℃ < T < 700\ ℃\\ \eta_u, & 700\ ℃\leqslant T\leqslant 1000\ ℃\end{cases} \tag{9-45}$$

$$\eta_\mu=\frac{7(T-936)}{4(T-1623)},\ 20\ ℃\leqslant T\leqslant 350\ ℃ \tag{9-46}$$

式中：

$N_{v,T}^{b}$——火灾高温下单个摩擦型高强度螺栓连接的受剪承载力，N；

k——高强度螺栓连接孔型系数，按国家标准《钢结构设计标准》(GB 50017—2017) 相关规定执行；

n_f——传力摩擦面数目；

μ_T——火灾高温下摩擦面的抗滑移系数；

P_T——火灾高温下单个高强度螺栓预拉力设计值，N；

μ——常温摩擦面的抗滑移系数，按国家标准《钢结构设计标准》(GB 50017—2017) 相关规定执行；

P——单个高强度螺栓预拉力设计值，按《高强钢结构设计标准》(JGJ/T 483—2020)相关规定执行。

9.6.3 火灾下抗震耐蚀耐火钢承压型高强度螺栓连接的抗剪承载力可按下列公式计算：

$$N_{vu,T}^{b}=0.58n_f A_e^b f_{u,T}^{b} \tag{9-47}$$

$$N_{cu,T}^{b}=1.5d\sum tf_{u,T} \tag{9-48}$$

$$N_{tu,T}=0.7A_n f_{u,T} \tag{9-49}$$

$$N_{u,T}=\min(N_{vu,T}^{b},N_{cu,T}^{b},N_{tu,T}) \tag{9-50}$$

式中：

$N_{u,T}$——火灾高温下高强度螺栓承压型连接极限承载力，N；

$N_{vu,T}^{b}$，$N_{cu,T}^{b}$——火灾高温下单个高强度螺栓的极限受剪承载力和对应的板件承压承载力，N；

$N_{tu,T}$——火灾高温下高强度螺栓连接板件净截面极限承载力，N。

9.6.4 火灾高温下抗震耐蚀耐火钢高强度螺栓连接的构造，宜满足连接板净截面承载力大于板件承压承载力，并按下列公式进行验算：

$$2.1n_1d+n_2d_0\leqslant b \tag{9-51}$$

式中：

n_1——单侧受力螺栓总数；

n_2——所验算净截面上的螺栓孔数量。

9.6.5 火灾高温下抗震耐蚀耐火钢高强度螺栓连接的钢材-螺栓高温下力学性能的匹配，宜按螺栓抗剪承载力大于板件承压承载力的原则确定，并按下列公式进行验算：

$$\frac{\eta_{u,b}}{\eta_{u,s}}>\frac{2.586d\sum t}{A_e n_v}\frac{f_u}{f_u^b} \tag{9-52}$$

式中：

$\eta_{u,b}$——火灾高温下耐蚀耐火高强度螺栓的抗拉强度折减系数；

$\eta_{u,s}$——火灾高温下抗震耐蚀耐火钢板的抗拉强度折减系数；

A_e——有效截面面积，mm²。

9.6.6 火灾下抗震耐蚀耐火钢承压型高强度螺栓剪力与拉力的关系：

$$N_v=\alpha\sqrt{(k\cdot\pi d^2 f_{t,T=20}^{b}/4)^2-N_t^2} \tag{9-53}$$

式中：

$f_{t,T=20}^{b}$——常温下螺栓的抗拉强度，N/mm；

d——螺栓直径，mm；

N_t——螺栓承受的拉力，N；

k——不同火灾温度下螺栓强度折减系数。

9.6.7 令式（9-53）中剪力 $N_v=0$，得到螺栓受拉状态下抗拉承载力的计算公式：

$$N_t = k \cdot \pi d^2 f_{t,T=20}^{b}/4 \tag{9-54}$$

假设 T 型连接的抗拉承载力均由螺栓承担，T 型连接的抗拉承载力除以螺栓数量可得到单个螺栓的拉力。

10　耐腐蚀设计

10.1　抗震耐蚀耐火高强钢结构应遵循安全可靠、经济合理的原则，按下列要求进行防腐蚀设计：

10.1.1　钢结构防腐蚀设计应根据建筑物的重要性、环境腐蚀条件、施工和维修条件等要求合理确定防腐蚀设计年限。

10.1.2　防腐蚀设计应考虑环保节能的要求。

10.1.3　钢结构除必须采取防腐蚀措施外，尚应尽量避免加速腐蚀的不良设计。

10.1.4　防腐蚀设计中应考虑钢结构全寿命期内的检查、维护和大修。

10.2　抗震耐蚀耐火高强钢结构防腐蚀设计应综合考虑环境中介质的腐蚀性、环境条件、施工和维修条件等因素，从下列方案中综合选择防腐蚀方案或其组合：

10.2.1　防腐蚀涂料。

10.2.2　各种工艺形成的锌、铝等金属保护层。

10.2.3　阴极保护措施。

10.3　抗震耐蚀耐火高强钢结构防腐蚀设计时，一般环境下，抗震耐蚀耐火高强钢的腐蚀性等级与普通钢相比，可降低一个等级。当外界环境对于普通钢为强腐蚀环境时，抗震耐蚀耐火高强钢的腐蚀性等级应与普通钢的腐蚀性等级保持一致。

截至2021年4月，中冶检测认证有限公司对首钢及鞍钢各自生产的抗震耐蚀耐火高强钢进行了中性盐雾试验，历时3个月，得到大量试验数据。根据中冶检测提供试验数据进行拟合，拟合曲线如图10-1所示，抗震耐蚀耐火高强钢腐蚀深度与时间的公式如式（10-1）所示。

$$D = 1.0287t^{0.66519} \tag{10-1}$$

式中：

D——腐蚀深度，μm；

t——腐蚀时间，年。

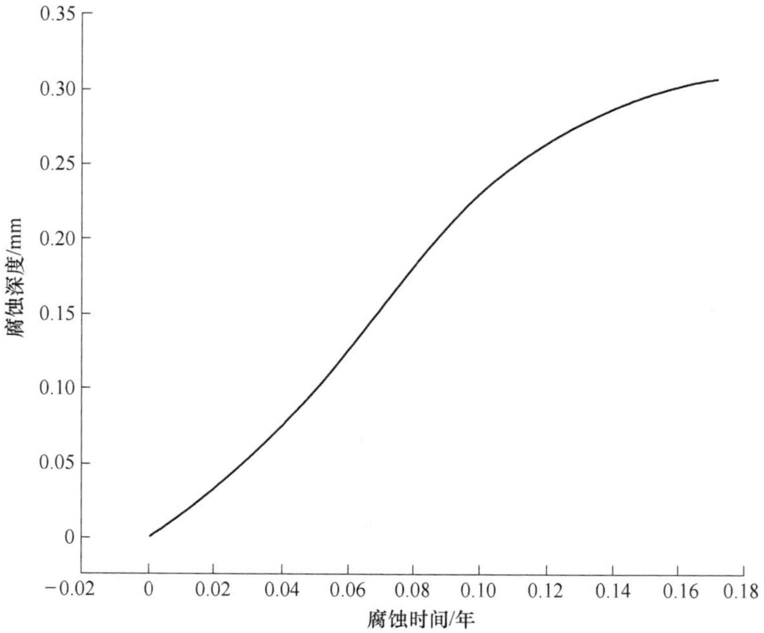

图 10-1　抗震耐蚀耐火高强钢腐蚀深度曲线

与参考文献《中性盐雾腐蚀后 Q345B 钢材疲劳性能研究》中的拟合公式 $D = 1.5125t^{0.61}$ 进行腐蚀性等级对比：当 Q345 钢材随着腐蚀时间的延长达到弱腐蚀等级时，抗震耐蚀耐火高强钢的腐蚀等级处于微腐蚀阶段；当 Q345 钢材随着腐蚀时间的延长达到中腐蚀等级时，抗震耐蚀耐火高强钢的腐蚀等级处于弱腐蚀阶段；当 Q345 钢材随着腐蚀时间的延长达到强腐蚀等级时，抗震耐蚀耐火高强钢的腐蚀等级处于中腐蚀阶段；随着时间的延长，两种钢材均会达到强腐蚀等级。

一般环境下，抗震耐蚀耐火高强钢的腐蚀性等级与普通钢相比，可降低一个等级。安全起见，当 Q345 钢材达到强腐蚀等级时，抗震耐蚀耐火高强钢的腐蚀性等级应与普通钢的腐蚀性等级保持一致。

10.4　对危及人身安全和维修困难的部位，以及重要的承重结构和构件应加强防护。对处于严重腐蚀的使用环境且仅靠涂装难以有效保护的主要承重钢结构构件，宜采用外包混凝土进行防腐蚀处理。

当某些次要构件的设计使用年限与主体结构的设计使用年限不相同时，次要构件应便于更换。

10.5　抗震耐蚀耐火高强钢结构防腐蚀设计应符合下列规定：

10.5.1　当采用型钢组合的杆件时，型钢间的空隙宽度宜满足防护层施工、检查和维修的要求。

10.5.2　不同金属材料接触会加速腐蚀时，应在接触部位采用隔离措施。

10.5.3　焊条、螺栓、垫圈、节点板等连接构件的耐腐蚀性能不应低于主材材料。螺栓直径不应小于 12 mm；垫圈不应采用弹簧垫圈；螺栓、螺母和垫圈应采用镀锌等方法防护，安装后再采用与主体结构相同的防腐蚀方案。

10.5.4　设计使用年限大于或等于 25 年的建筑物，对不易维修的结构应加强防护。

10.5.5　避免出现难于检查、清理和涂漆之处，以及能积留湿和大量灰尘的死角或凹槽；闭口截面构件应沿全长和端部焊接封闭。

10.5.6　柱脚在地面以下的部分应采用强度等级较低的混凝土包裹（保护层厚度不应小于 50 mm），包裹的混凝土高出室外地面不应小于 150 mm，室内地面不宜小于 50 mm，并宜采取措施防止水分残留；当柱脚底面在地面以上时，柱脚底面高出室外地面不应小于 100 mm，室内地面不宜小于 50 mm。

10.6　钢材表面原始锈蚀等级和钢材除锈等级标准应符合现行国家标准《涂覆涂料前钢材表面处理　表面清洁度的目视评定　第 1 部分：未涂覆过的钢材表面和全面清除原有涂层后的钢材表面的锈蚀等级和处理等级》（GB/T 8923.1—2011）的规定：

（1）表面原始锈蚀等级为 D 级的钢材不应用作结构钢；

（2）喷砂或抛丸用的磨料等表面处理材料应符合防腐蚀产品对表面清洁度和粗糙度的要求，并符合环保要求。

10.7　抗震耐蚀耐火高强钢结构防腐蚀涂料的配套方案，可根据环境腐蚀条件防腐蚀设计年限、施工和维修条件等要求设计。修补和焊缝部位的底漆应能适应表面处理的条件。

10.8　在钢结构设计文件中应注明防腐蚀方案，如采用涂（镀）层方案，须注明所要求的钢材除锈等级和所要用的涂料（或镀层）及涂（镀）层厚度，并注明使用单位在使用过程中对钢结构防腐蚀进行定期检查和维修的要求，建议制订防腐蚀维护计划。

引用标准名录

[1]《建筑结构荷载规范》GB 50009—2012
[2]《建筑抗震设计标准》GB 50011—2010
[3]《钢结构设计标准》GB 50017—2017
[4]《冷弯薄壁型钢结构技术规范》GB 50018—2002
[5]《建筑结构可靠性设计统一标准》GB 50068—2018
[6]《工程结构设计基本术语标准》GB/T 50083—2014
[7]《工程结构设计通用符号标准》GB/T 50132—2014
[8]《工程结构可靠性设计统一标准》GB 50153—2008
[9]《钢结构工程施工质量验收标准》GB 50205—2020
[10]《钢结构焊接规范》GB 50661—2011
[11]《钢结构用高强度大六角螺母栓连接副》GB/T 1231—2024
[12]《低合金高强度结构钢》GB/T 1591—2018
[13]《钢结构用扭剪型高强度螺栓连接副》GB/T 3632—2008
[14]《耐候结构钢》GB/T 4171—2008
[15]《热强钢焊条》GB/T 5118—2012
[16]《厚度方向性能钢板》GB/T 5313—2023
[17]《熔化极气体保护电弧焊用非合金钢及细晶粒钢实心焊丝》GB/T 8110—2020
[18]《涂覆涂料前钢材表面处理　表面清洁度的目视评定　第1部分：未涂覆过的钢材表面和全面清除原有涂层后的钢材表面的锈蚀等级和处理等级》GB/T 8923.1—2011
[19]《埋弧焊用热强钢实心焊丝、药芯焊丝和焊丝-焊剂组合分类要求》(GB/T 12470—2018)
[20]《熔化焊用钢丝》GB/T 14957—1994
[21]《热强钢药芯焊丝》GB/T 17493—2018
[22]《建筑结构用钢板》GB/T 19879—2023
[23]《耐火耐候结构钢》GB/T 41324—2022
[24]《金属和合金的腐蚀　建筑用钢连接部件及钢构件耐腐蚀性能测试方法》GB/T 41951—2022

[25]《European committee for standardization. Eurocode 3-design of steel structures-part 1-8：design of joints》EN 1993-1-8

[26]《端板式半刚性连接钢结构技术规程》CECS 260 —2009

[27]《Joints in steel construction：Moment-resisting joints to Eurocode 3》PUB 398